日和手制 椅子

手づくりする
木のスツール

座り心地のよい形を
さがす、つくる、つかう

[日] **西川荣明** —— 著

陈益彤　张家悦 —— 译

浙江人民出版社

前 言

本书将为您详细介绍由日本木工巨匠精心打造的木制凳子（有的带靠背）、椅子、儿童椅等作品。一般情况下，我们所提到的凳子大多不带靠背，本书所收录的作品多为可以靠坐（带靠背）的椅子和凳子（关于凳子的定义在本书后记中有详细介绍）。

以下是本书的几大特点。

1.书中收录作品均为木工巨匠亲手打造

本书收录作品主要是独立木工工匠亲自设计、打造且具有实用性的椅子（亦有部分作品由专业设计师设计，工匠负责制作）。这些作品为日本本土工匠在对舒适度和功能性进行充分考量后为客户或家人打造而成。还有部分作品原本是设计师为自己工作需要而制作，后因机缘巧合被客户选中，从而成了商品。进口日本的产品和大型家具生产厂家的产品不在本书收录范围内。您可以在本书中看到每位设计师的真实形象，每一把椅子的创作过程皆是独具匠心，其出处亦均可追根溯源。

2.领略木工巨匠的思维方式

除了为您介绍木工作品之外，本书还将向您讲述工匠们的创作策略与创作契机，带您领略木工巨匠的思维方式，以便您了解作品的创作背景。

3.凸显"坐具"功能

无论是凳子还是椅子，其最基本的功能就是"坐具"，供人休憩使用。虽有时亦用作装饰，但其基本功能依旧是"坐具"。因此，本书在介绍作品时均配有座椅试坐效果图，以便您直观感受到座椅的尺寸。效果图模特即为工匠本人及其家人。

4.身为读者的您也可体会亲手制作的乐趣

为使您可以亲自体验制作凳子或椅子的乐趣，本书设有"自己动手试试看"这一板块。即便您是零基础也不必担心，工匠们将耐心地为您带来入门知识讲解，本书中也专门有为非专业座椅制作爱好者量身打造的座椅样例。

不带靠背的凳子结构简易，制作流程也较为简单，同时本书也为您带来了带靠背座椅和木马摇椅的制作方法，虽说制作流程颇具挑战性，但还是希望能给您提供参考。

此外，如果您不常使用刀具，在制作过程中请一定要加倍小心，以免受伤。

对于您无法亲身试坐书中作品，笔者颇感遗憾。但还是衷心希望您在阅读本书的过程中能够体会到木凳和小椅子的精妙之处。

目 录

第一章

从最基础的凳子开始

杉村彻：

木凳

做工轻巧，带给您
紧张而愉悦的体验

杉村彻：1956年出生于日本兵库县。在家用百货经销公司实习后，进入松本职业技术学校木工专业学习木工。毕业后于穗高武居工作室（松本民艺家具合作公司）从事家具制作。1992年自立门户，于爱知县常滑市开办工坊。2010年工坊迁址至茨城县。

"我希望这款凳子可以给使用者带来紧张而愉悦的体验。如果使用者的确在使用过程中感受到了这种紧张和愉悦，我就心满意足了。但如果紧张过度，则会让使用者感到疲惫。"杉村彻如是说。

杉村彻的这张木凳映入眼帘时，的确可以感受到适度的愉悦。矩形椅座的短边平滑，棱角锋利；长边则呈弧形，手感也较为粗糙。也许正是这种奇妙的搭配造就了这款凳子愉悦的紧张感。坐上去一试，凳面刨制出的凹凸感可以带给我们奇妙的舒适体验与一种恰到好处的紧绷感。

杉村彻表示："我在刨制凳面时可以说是随心而动的。在制作过程中，我采用了粗刨的手法以保证使用者的臀部可以与凳面完美贴合。说起来很多制作灵感是我边动手边涌现出来的。"

凳腿方面，杉村彻先是用机器将原材料切割为八角柱体，再使用平刨技术进一步加工。杉村彻："凳腿

杉村彻制作的凳子。凳腿材料均采用胡桃木，凳面材料分别采用胡桃木、樱木、栗木等。凳高有50cm、41cm、30cm三种规格。由于制作时完全凭感觉，因此每一张凳子的造型均独一无二。

以八角柱为原型，将其依次加工为十六角柱、三十二角柱……最终得到的凳腿接近于圆柱体但又带有棱角。用手触摸即可感受到它并不是完全平滑的。我认为凳腿不一定要求它是完美的圆柱体形状，但我也不喜欢过于分明的棱角。"

凳面与凳腿以榫头拼接方式组装而成，成品在外观上看起来比预期效果更轻巧。

"凳子是一种可以移动的家具，为了方便使用者将其移动至家里的各个角落，我在制作过程中充分考虑了其轻便性。我不希望它在外观上看起来过于笨重。"

杉村彻少年时期立志成为雕刻家，在职业技术学校学习木工技术后，进入长野县一家家具制作公司工作。工作期间，杉村曾为合作公司松本民艺家具制作橱柜、桌子等家具。松本民艺家具的风格较为厚重质朴，与杉村彻如今的设计风格大相径庭。

用刨具刨制凳面　　　　　　　　　　按照模具形状刨制凳腿　　　　　　　杉村彻检查自己制作的凳子

"可能我现在喜欢制作轻巧的家具是当初制作厚重家具带来的反作用。然而在那里工作的五年间我是真的学到了技术。前辈们的提携让我获益匪浅，我也养成了严谨认真、一丝不苟的工作习惯。"

此后，杉村就职于爱知县的一家家具制造公司。他36岁时离开公司，自立门户。杉村最初承接的多为家具定制和厨房设计的工作，大约10年前开始转型制作凳子和木制容器。

"我不想再按照别人的要求进行制作，而是希望将我的独创风格融入到作品中。有时我也会利用制作家具后剩下的边角料来进行创作。"

2001年，杉村彻首度开办个人作品展，其凳子作品自此成名。现在，杉村彻每年都会在各地美术馆开办个人作品展或参加会展。

"我希望我设计出来的凳子是多功能的，除了作为坐具之外，还可以有其他用途。比如把它当成T形桌用，在上面放点儿东西也是可以的。"

舒适的坐感，轻巧的设计理念，科学合理的整体结构，各部件考究的刨制工序……正是这一切的完美结合，方造就了这款凳子紧张而愉悦的体感。

工坊的墙壁上挂满了制作工具

*摄影地址位于爱知县常滑市的老工坊

圆润的椅面给臀部以完美贴合感

狐崎优子：

"高脚凳550"

身形苗条，狭小
厨房中亦可有一
席之地

狐崎优子：1965年出生于日本京都，小学到高中一直就读于秋田县，后于京都某高中担任社会学老师。1993年毕业于长野县立伊那职业技术学校木工专业，1995年自立门户，现于长野县上伊那郡南部的饭岛街开设工坊。

这款高脚凳的凳面以橡木为原料，纹理优美；凳腿笔直伸展，两两交错。凳子之所以设计成如此形状，是有一番原因的。

"这款凳子的细长形结构是专为适应厨房使用设计的。由于厨房空间有限，因此我将凳腿设计为不占空间的细腿X形。"狐崎如是说。

当地一家日本太鼓店的老板曾经委托狐崎制作太鼓架，在那之后，X形腿的太鼓架的造型就一直留存在狐崎脑海中。

"最初我设计高脚凳时，是想让凳子的四条凳腿分别朝四个方向延伸。后来我将凳腿改为交叉式设计，凳子也变得比原来结实了很多。"

虽然打眼一看凳子的外形很简单，但是制作起来却对精准度要求极高。拼接部位没有一处是垂直相交，所有的榫头结构都需要倾斜组装而成，因此在制作过程中，需要将误差控制在毫米以内。凳子凳面细长，整体圆润。最初狐崎想将凳面设计为矩形，然而她发现"坐在上面有些硌屁股"，仔细考虑过后，她发现这

狐崎坐在自己早期制作的凳子（高60cm）上使用打磨工具

种形状的确不够合理。"坐在高脚凳上之后，我们的膝盖会自然下垂，屁股的重量就完全压在凳面的四个角上，这样肯定不舒服。于是我就琢磨着把凳面改造一下，让使用者坐在上面感觉跟坐在软软的发面饼上一样。我打磨了椅座的前侧，这样一来，大腿根部与椅座接触之后，整个人就会稍微向前倾斜。"

狐崎制作家具的风格是建立在充分考虑家具用途与用法的基础上的。她说她十分钟爱汉斯·瓦格纳的椅子作品，然而她也表示："不管是椅子还是凳子，外观好不好看并不重要，只有坐起来舒服才是好的。比如瓦格纳的Y形椅的确制作精良，但其实坐起来并不是那么舒服。不知为何，我天生就喜欢椅子，就连小学时坐过的课椅我都觉得很可爱。"

现在，狐崎正在考虑着手制作造型大气、结构牢固的藤编凳子。她希望借助藤条优良的缓冲性能，设计出一款坐感舒适的作品。

高脚凳550（橡木）

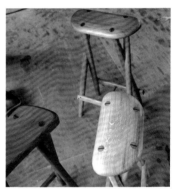

高脚凳550（橡木，前排右）、高脚凳560（樱木，后排）、高脚凳600（樱木，前排左）。

狐崎在自家厨房里坐着高脚凳550炖菜

狐崎坐在工坊中的凳子上休息

井藤昌志：

三脚凳

绝妙灵感，从设计合理的夏克式家具中获取

井藤昌志：1966年出生于日本岐阜县，毕业于富山大学人文学系。在造纸公司工作一段时间后，进入高山高等职业技术学校学习木工，师从木工工匠永田康夫。2003年创办井藤家具工坊，2009年，工坊迁址至长野县松本市。

从上往下打眼一看，井藤的这张凳子外观普通，并无可圈可点之处。然而如果从水平方向观察这张凳子，效果就截然不同了。那是因为我们可以观察到有三块十分醒目的衬板（承重板）将凳面与凳腿连接在一起。衬板呈弧线优美的弯曲半径蝶翼形，成为凳子整体造型的点睛之笔。

凳面下的凳腿被雕刻为笔直的圆柱体，与蝶翼形衬板和其他部件相辅相成，给人以愉悦的视觉体验。这款凳子外观轻巧，使用起来也十分轻便。

"这款凳子的制作灵感源于设计合理的夏克式家具。由于独立木匠的作品售价普遍较高，因此我在想方设法让顾客们能以一个较为合适的价格购买到心仪的产品。我的作品既不能看起来太廉价，还要带有我个人的风格，这也是我所需要考虑的。正如我刚才所说，我本人十分喜欢夏克式家具的设计风格，我的设计灵感也正是由此而来。"

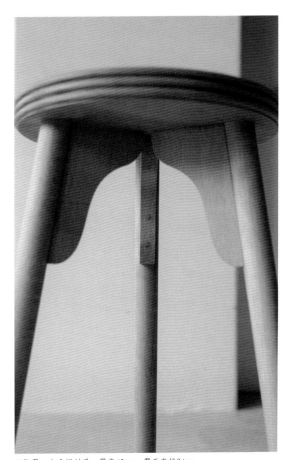

三脚凳。山毛榉材质。凳高45cm，凳面直径24cm。

如此，井藤以凳子的美观性、作为坐具的耐用性以及价格的合理性三点为原则，完成了"三脚凳"的设计与制作。在制造于19世纪的夏克式家具中，可以看到带有蝶翼形衬板的长凳的身影。"虽然在榫头拼

接的方式上我并没有过分纠结，但也必须保证其结构足够结实。"基于这种想法，井藤以夏克式家具为参考，将凳面与凳腿以一种较为简易的拼接方式组装在一起。造型优雅的衬板既保证了凳子的结实度，更为凳子整体的设计感锦上添花。

高中时代，井藤在一本户外杂志上看到了关于夏克式家具的介绍，那是他第一次接触到夏克式家具。

当时的他根本没想过要成为一名木工工匠。大学毕业后，井藤在东京成了一名普通的上班族。在对陶艺等手工艺产生兴趣后，他萌生出了自己动手制作作品的想法。随着这种想法越来越强烈，井藤辞去工作，进入日本高山职业技术学校学习木工，后又师从木工工匠永田康夫，学艺三载。

"不管是橱柜、箱子还是椅子我都曾制作过。我充分学习了卯榫拼接等木工技术，但学习期间对我影响最大的还是老师永田康夫合理的制作理念——木材要用最好的，但成品定价要尽量低一些，以让更多的人能够负担得起，这才是关键。为了实现这个理念，我在保证凳子

坐在三脚凳上的井藤。照片摄于其家具展"LABORATORIO"。

角凳。凳高43cm，凳面尺寸为
40cm×28cm。

结实度的同时，尽量缩减制作工序。为保证工作效率，除了一些必须亲自动手进行精密操作的步骤外，其
余工序我尽可能借助机械来进行操作。"

井藤成为独立工匠后不久就接到了定制家具的订单，同时他在工艺品展销会上出售的夏克式家具也颇受好
评。现如今，井藤制作的夏克式"oval box"（椭圆形小木箱）十分畅销，已经成了他的代表之作。

虽说如此，井藤在家具制作方面也丝毫没有松懈。"我希望制作出能够反映出自己个性的作品。无论是箱
子、器皿这样的小物件还是家具那样的大家伙，在我眼里都同样重要。"现在井藤每年都会开办两次以家
具为主题的展销会。

在工坊中工作的井藤。照片前侧是椭圆形木箱的半成品。

温莎风格的木棒椅。椅背横木由旧木材（以前是体育馆的地板）制成。椅背栏杆原料是经过天然植物染料上色的樱木。椅座材料为山毛榉木。

"我觉得干我们这行的人也不能太爱惜木材，我处理木材的方式就可以说是'冷酷无情'。我会给木材上漆或是利用天然植物染料给木材染色，在这一点上可能我的观点与其他木工不同。"

恩师永田先生的木器制作理念让井藤颇有感触，井藤将这种理念与夏克式家具带给他的灵感融会贯通，升华为他自己独特的设计理念，这也促使井藤在制作作品时会从一种独特的角度去进行思考。值得一提的是，三脚凳作品中也有用黑色涂料涂制而成的独特款式。正是在井藤这种灵活而合理的创作理念下，对于普通消费者来说价格公道且在日常生活中使用方便的优秀作品才应运而生。

以水平视角看圆盘凳的凳面

山本有三：
"圆盘凳"

特立独行，
凳面隆起

坐在圆盘凳上的山本有三

山本有三：1956年出生于日本爱嫒县。高中毕业的山本在东京某印刷公司工作两年后，辞职进入品川职业技术学校学习木工。学成后先后就职于东京和大阪的木工作坊。30岁时，山本自立门户开设工坊，2000年工坊迁址至奈良市。2001年，山本将工坊更名为UcB工作室。

圆盘凳。照片中靠前的一张凳面最高点高53.5cm，凳面直径28cm，凳面材质为栎木，凳腿材质为枫木。照片中靠后的一张凳子凳高45cm，凳面直径30cm，凳面材质为楠木，凳腿材质为榉木，凳面最厚部分厚度达4cm。

也许每个第一次见到这张凳子的人都绝不会愿意坐上去。甚至有人会说："这也能叫凳子？坐上去会舒服才怪。"这时山本先生就会劝说道："哎，你坐上去就知道了！"当他们真的坐下，又会发出这样的感慨："啊，原来这凳子坐上去还真是很舒服！"可以说这张凳子外观与实际坐感的反差会让人感到不可思议。

这款凳子凳面中心隆起，呈平滑的流线型。从水平视角看去如同圆盘。

"一般情况下，凳子的凳面都是向内凹陷的，于是我就突发奇想，凳面凸起的凳子是否也可以很舒适呢？我这个人的性格比较乖僻，就喜欢不走寻常路。我认为流线型才是作品成功的关键，于是我不断试验，最终尝试着做出了三种不同的凳子。如果太过追求流线型，坐起来可能会不舒服；但要是流线型太过平缓了，又和平面没什么区别。最终我选择了与臀部贴合度最佳的一款作为最终成品。"

几年之前，有客户委托山本制作一张高脚凳，他对款式没有提出特别要求，只要能在厨房里使用就可以。

"厨房里的凳子一般不需要长时间使用。

连接凳腿的横木不在同一水平面上，而是错位安置。

估计就是剥豆子或是做饭中间休息的时候才会用到，顶多也就十来分钟。因此我的构思是设计出一款稍微坐一会儿就能让人感到放松的凳子。由于凳面正中凸起，因此使用者坐在上面工作时背肌可以得到充分伸展。我认为这种前所未有的坐感会让客户满意。"

在公司工作期间，山本的上司认为他并不适合职场，他自己其实也深以为然，于是毅然辞掉工作，进入职业技术学校学习木工技术，走上了家具制作的道路。虽说他自诩性情乖张，但正是因为他天马行空的设想，才创造出了独一无二的佳作。

山本的工坊名叫UcB工作室，来源于柳宗理[①]提出的"Unconscious Beauty"（无意识之美）理论。山本对此理论深有同感，于是借用这一词汇为工坊命名。

"我认为我制作的家具、小木器或者是工具都只能算是配角，客户才是真正的主角。我希望我创作出的作品能够超出客户预期值的百分之二十左右。"

山本的圆盘凳，也正是一款超出客户预期的佳作。

① 柳宗理是日本老一代的工业设计师。1936—1940年在东京艺术大学学习，1942年起，任勒·柯布西耶设计事务所派来日本参与改进产品设计工作的夏洛特·佩利安的助手。他将民间艺术的手作温暖融入到冰冷的工业设计中，是较早获得世界认可的日本设计师。——译者注

安藤和夫：
"搁脚凳"与
"三点支撑凳"

造型优雅，空间
契合度完美

安藤和夫：1952年出生于日本神奈川县。曾于美术学校学习雕刻专业，毕业后进入横滨"竹中"西洋家具店从事家具制作，跟随木工工匠甘糟宪正苦练技艺。1985年自立门户，于横滨开设工坊。2003年工坊迁址至小田原。2006年在高岛屋横滨店美术画廊等多处开办个展。

这是一张高脚凳，在其中一条凳腿上还拼接着另一张小凳子。本来设置这张小凳子是为了搁脚，但是现在却变成了幼儿专座。"在展销会的会场上，可以看到父母和孩子一起坐在这款凳子上休息。设计这张凳子最初是为了我本人工作方便，因为三条腿的凳子在不平坦的地方也可以使用。我的工作台约有90cm高，工作时坐在这张凳子上高度刚好合适，在厨房煮东西要撇浮沫的时候坐在上面操作也正合适。凳子的凳面稍稍前倾，如果凳面过深，就不适合工作时使用了。"

设置搁脚小凳肯定是为了实用，但多少也有一些诙谐的成分在里面。搁脚小凳可以以高脚凳的凳腿为轴自由转动，收起不用时也不占空间。这张凳子既美观又实用，还别有一番趣味。说起它的凳腿，那是安藤的

搁脚凳。凳面材质为胡桃木，凳腿材质为枫木。三角形凳面边长29cm，凳高64cm至65cm。搁脚小凳高25cm。

搁脚凳凳面底部刻有凹槽以便手持

安藤坐在搁脚凳上读书

三点支撑凳。凳面材质为胡桃木，凳腿材质为枫木。凳面前侧高66cm，后侧高68cm，为前倾设计。

专为清纯系女性打造的椅子。椅面由纸绳编织而成。椅子材质为栗木，椅面高43cm，椅背横木高88cm。

高大书写桌十分适合用来小酌一杯或是做点简单的桌面作业

编织高脚凳与桌板收起的高大书写桌

安藤给女儿制作的小椅子，已有20多年的历史。材质为榉木。安藤说："女儿小时候就坐这把椅子在壁炉前吃饭。由于小孩子容易向后仰倒，所以我在制作时充分考虑到了椅子的稳定性。做这把小椅子要花费的工夫与做大人平时用的椅子是一样的。"

一位小提琴制造师朋友忍痛割爱，将原本用来制作高级小提琴的高硬度欧洲枫木让给了他，凳腿正是以之为原料制作而成。凳面则采用柔韧温润的北海道产胡桃木制成。

"这张凳子外形美观，在制作过程中我也十分重视其整体结构。而搁脚小凳这一元素的加入绝对是引人注目。"安藤在这里说的是他的自留作品——三点支撑凳。这款凳子保留着刀具切削留下的痕迹，整体风格时尚美观，给人以端庄大方的印象。

"无论是椅子还是凳子，只有在人类存在的前提下才派得上用场。虽然其作为坐具的基本功能肯定要放在第一位，但仅满足这一点也是远远不够的。有使用者坐在上面时，要让使用者坐姿优雅，即便没人使用时，它们的外形也必须美观，就像'Vespa'一样。"

安藤所提到的"Vespa"是一款意大利踏板车的品牌。电影《罗马假日》中，饰演公主一角的奥黛丽·赫本游览罗马时使用的正是"Vespa"踏板车。这款集意大利设计精粹于一身的踏板车外形十分精美，与使用者的优美形象相辅相成，更加衬托出使用者优雅的姿态，让人感到气势非凡。这种感觉深深地打动了安藤，也促使他成了"Vespa"的忠实粉丝，并在设计作品时以之为典范。

"年轻的时候我想成为一名雕刻家。我试图基于当代背景下的某些概念去否定现实，或是创作一些可

安藤的工坊内部

以称为前抽象主义的题材。椅子除了作为一种坐具之外，在没人坐的时候也应该有其存在的意义。我对如何实现这一点产生了浓厚的兴趣。"

今非昔比，如今客户们对于定制概念性艺术家具的需求大大增加。安藤将实现客户们难以言喻的奇思妙想视为己任。这几年，安藤开办了几次以橱柜为主题的个展，制作椅子或凳子的机会相对较少。然而他表示他不会就此放弃椅子或凳子的制作。

"我的作品一定不能与周围环境格格不入，而是要在保证外观精美的同时，与生活空间完美融合。"

安藤认为家具应该是和空气一样的存在。他坐在自制的凳子上兴奋地告诉我："那是十年前了，一次交货时客户告诉我，我的那件作品好像本来就应该放在那里一样。我当时别提有多高兴了。"而现在在他自家卧室里，也正放着一张与周围空间完美融合的凳子。

藤井慎介：

"拭漆凳"

坐感舒适，
造型雕工独具匠心

藤井慎介：1968年出生于日本静冈县，毕业于武藏野美术大学造型学院建筑系。在建筑公司积累了一定设计工作的实战经验后，藤井重返校园，于松本职业技术学校木工系学习木工技能，后又赴京都苦修涂漆工艺。2000年自立门户后，其作品分别在日本传统工艺展及日本国展中崭露头角。2007年，藤井又在日本国展中斩获"工艺部大奖"。

乍--看去，这是一张体态圆润的凳子；然而从水平角度看去，凳面下锐利而笔直的凳腿却十分醒目。

"之前我在丹麦看到的一张牛奶凳让我印象深刻。我一直在努力以之为范本，创作出具有自己风格的作品。而这张凳子的最终形态现在还没有确定下来。"

在藤井眼中，椅子应该是一件造型工艺达到鉴赏级水准的雕刻艺术品。

"我们先暂且不谈椅子的雕刻水平，因为椅子的好坏归根结底是与我们人体的感受相关的，而--把椅子的基本功能就是让我们用来倚靠身体。无论坐在哪种椅子上，只要您感觉到不适，那它一定不是一件合格的作品。我们往往会认为精妙绝伦的雕刻技巧和极具魅力的造型与'适坐'这一基本功能是无法两全其美的，但我希望我可以将这两点合二为一。"

从任何角度看去，凳子的线条都十分赏心悦目。

左侧凳子：高42cm，凳面尺寸36cm×42cm。
右侧凳子：高43cm，凳面尺寸33cm×42cm。
两张凳子的凳面材料均为橡木，凳腿材料均为樱木。均采取拭漆工艺
制作。

也许藤井如今的拭漆凳作品，还未能够将椅子的功能性与魅力十足的造型合二为一。

"在设计过程中我需要保证凳子的线条走势足够自然。由于木材是原料中的主角，为了不影响木材的质感，我还需要控制漆的颜色不能过深，漆的用量必须恰到好处。可以说各种各样的挑战源源不断。但我一直告诉自己，要保持平和的心态，一步一步地坚持下去。"

藤井常把"造型"一词挂在嘴边，说明他在设计作品过程中运用的理念并不是"家具理念"或是"工艺理念"，而是"造型理念"。我们可以感受到，即便是在涂漆工艺方面，藤井也经过了一番深思熟虑。

"木材的质地（触感和质感）可以通过涂漆工艺随心改变，用粗糙的木材和用抛光打磨过的木材制作出来的作品是截然不同的，木材的质感也是表现作品特点的一个途径。当然，涂漆还有使木材更加坚硬与保护木材的功效。"

藤井的拭漆器及拭漆椅近年来多次入选日本传统工艺展及日本国展。藤井不懈追求着作品的造型概念，对于涂漆工艺也拥有着自己独到的见解。希望让他心满意足的拭漆凳成品能够早日面世。

户田直美：

"豆豆凳"

身形圆润，憨态可掬，形态远近高低各不同

户田直美：1976 年出生于日本兵库县，毕业于京都市立艺术大学美术学院工艺系，在校期间学习漆工专业。攻读本校研究生后，跟随漆艺家具工匠习练技能。2001 年，开设个人工坊"potitek"。

"凳面上的楔子就像人的眼睛和嘴巴，它们与凳面一起形成了人脸的样子。同时凳面的整体形状又像一颗可以长出幼苗的豆子。我希望坐在上面的孩子能够像豆苗一样茁壮成长，因此给它取名'豆豆凳'。当然，这款凳子大人也是可以使用的。"

几年前，有客户希望户田打造一张工作用凳，当时户田做出的成品就是"豆豆凳"的原型。此后户田又做了几张与之相似的凳子，每一张的外形和尺寸都各不相同。

"因为我制作这款凳子时使用的是制作桌子剩下的边角料，因此每次都会根据实际情况适当调整凳子的尺寸。在制作其他款式的椅子时我往往会处在一种紧绷的状态，但是制作这款豆豆凳时，就连切割曲线的工序对我来说也变成了一种享受。"

豆豆凳的凳腿并不是标准的圆柱体，其流线型是利用手刨工艺制作而成，因此质地还略带粗糙感。从不同的角度看去，形态也不尽相同。

"凳腿的形状圆润，看上去像一个小动物，憨态可掬，惹人喜爱。"

户田的故乡三木作为刀具产地远近驰名，而户田的父亲也正是制作凿箍的技工。"我父亲总是在家里叮叮咣咣地干活儿，因此关于手工制作我也算是从小就耳濡目染。"艺大研究生毕

凳腿留有刨制的痕迹，因此每一条形状都略有不同。最后一道工序是使用砂纸打磨。

大女儿双叶在房间里搭建的帐篷中玩耍

业后，户田跟随一位技艺精湛的木工工匠进行了为期近一年的苦修。师父告诉她："一名好的木匠对刨制工艺的要求一定是非常严苛的。比如在刨制木刀时一定要意识到线条走势的完整性和流畅性。"户田谨遵师父的教导，因此她制作的所有凳子都因为考究的刨制工艺而给人以舒适的视觉体验。

自立门户后，户田开始接收企业和个人客户的订单制作家具。在生下大女儿之后，她便开始考虑转型制作面向儿童的座椅产品。如今的豆豆凳为三腿凳，户田表示："今后也会制作更为稳固的四腿款式，让小风（户田大女儿双叶的小名）也能坐得稳稳当当的。"可以看出，户田今后将站在一个母亲的立场上进行创作。

"豆豆凳"有凳高28cm至42cm不等的多种规格，材质为橡木或胡桃木等。户田表示："我喜欢使用质地柔软，如牛奶般丝滑的橡木。"

户田在工坊中工作

山极博史：

"nene"凳

和洋合璧，
久坐亦不觉疲惫

山极博史：1970年出生于日本大阪。从宝塚造型艺术大学毕业后，进入 KARIMOKU股份公司担任家具产品研发负责人。后辞职进入松本职业技术学校学习木工技术。毕业后自立门户，创办"打盹"展馆。现展馆和工作室位于大阪市中央区。

山极博史坐在"nene"凳上。照片摄于其展馆"打盹"内。

大块的彩布紧紧包裹着厚厚的软垫，构成了这款凳子椭圆形的凳面。凳腿采用水曲柳木材，结构稳固且厚重感十足。凳面颜色鲜艳，为房间增光添彩。

山极在珠宝店工作的朋友希望他帮忙制作一张久坐也不会感到疲惫的凳子，于是"nene"凳便诞生了，而现在这款凳子已经成了山极的招牌之作。

"我制作这款凳子时充分考虑到了其舒适性，因此最终决定用大软垫做凳面。采用木板制作凳子底座，坐在凳子上时不会给地面过大的压力，即使是在榻榻米和地毯上也可以使用。可以说这款凳子是日式风格与西洋风格的结合，趣味性十足。"

山极大学期间学习设计专业，进入大型家具制作公司后也是一手承担了各种家具的设计工作。他意识到如果想创作出优秀的作品，光会设计不懂制作是远远不够的，于是他辞职进入职业技术学校开始学习木工。在当今的家具制作行业中，像山极这样履历

"futaba stool"（双叶凳）。由于外观酷似两片树叶而得名。设计感十分现代化，同时又保留了日式风格。双叶凳的材质是白水曲柳木和胡桃木。

丰富、既懂设计又会制作的木工工匠是最受欢迎的。山极将他积累下来的优秀技能灵活运用于作品的设计感与功能性上，同时根据客户的需求创作新作品。其中就包括"futaba stool"（双叶凳）这样的新作。

"凳子在生活中起到的作用就像是配角，好比家里的第二辆车一样。即便它只是配角，我也想让它可以与主角媲美。舒适感是大前提，同时也要使其结构紧凑，重量轻巧且便于使用。"

山极认为，一张成功的凳子，是可以与日常生活融为一体的。

"我希望凳子在生活中可以一直有用武之地，能够不受时代变化的影响长远流传下去。如今我的脑海中有无数关于凳子的灵感，今后我也将致力于凳子的设计与制作，我希望以后自己的定位是'凳子设计师'。"

由"凳子设计师"山极博史所制作且最具有纪念意义的便是这款"nene"凳了。说起这款凳子的名字由来，"nene"是丰臣秀吉正室妻子的名字，虽然她只是为丈夫做一些辅助性的工作，却起着支柱的作用。这款凳子的设计理念亦是如此，因而得名"nene"。

KUKU工坊：

"万用凳"

谷进一郎：

"藤凳"

念念不忘，必有回响

适宜幽雅环境使用

谷进一郎坐在藤凳上读书

KUKU工坊：始创于2003年，由谷恭子提出设计提案，谷进一郎及其工坊工匠共同完成产品的设计与制作。该品牌旗下商品有小器皿、黄油盒等小物件，也有凳子等大型家具。可谓种类繁多，应有尽有。

谷进一郎：1947年出生于日本东京，毕业于武藏野美术大学家居设计专业，此后在松本民艺家具从事家具制作。1973年自立门户，于群马县沼田市开设工坊，1975年工坊迁址至长野县小诸市。2003年其作品展出于现代木工家具展（展出地址为东京国立现代美术馆工艺馆）。谷进一郎现为日本国画协会工艺部会员。

万用凳，扶手距地面高40厘米，凳面高25厘米。

叠凳，凳高25厘米。

"年迈的父亲在门口穿鞋的时候总是很吃力，每次去澡堂洗澡，在更衣室里脱裤子的时候，我都觉得要是有个什么东西靠着点就方便多了。日常生活中，我们经常会感觉'如果有个这样或那样的东西就好了'。这张凳子的设计灵感也正是由此而来。"

基于谷恭子日常生活中的亲身体验，KUKU牌万用凳诞生了。这款凳子的凳面采用了平缓的流线型设计，与使用者的臀部完美贴合。凳面由藤条编制而成，在澡堂更衣室使用时也无须担心被水浸湿。为了让使用者拿起凳子时能使上劲儿，凳子两侧还设有方便握持的弧形把手。这款凳子重量适中，单手即可取用挪动。凳腿采用木条底座设计，不必担心压坏地板，因此在榻榻米房间里也可以使用。

谷恭子使用"万用凳（带搁脚板）"坐在门口穿鞋。

"既可以小坐，又有收纳箱功能的'CHOCOTTO凳'十分便利，深受中老年妇女的喜爱。"

KUKU工坊最开始的定位是设计并出售谷恭子本人想要使用的浅盘等小物件。谷恭子的丈夫谷进一郎在制作漆制厚重家具以及漆椅等领域颇有心得，远近驰名；然而KUKU创始之时所确立的品牌风格却与谷进一郎的风格大相径庭——以白木为主要原料，成品要保留自然状态；就算是家具，也要做成女性可以单手掌控的小巧家具。谷恭子提出提案后，谷进一郎及其工坊中年轻的工匠便共同做出设计方案并实现成品制作。

"CHOCOTTO凳"。可以拆分成三个木箱，凳面以布料包裹（布料由真木纺织生产）。

谷进一郎制作的藤凳并不是KUKU牌的产品。它采用加了拭漆工艺的桦木作为框架，凳面由藤条编制而成。这款藤凳被称为扶手椅中的"奥特曼"。如今，甚至有客户专门下单只为订购这一件作品。不管是放置在日式的房间里，还是放置在铺有木地板的客厅里，这款凳子都有着满满的存在感。

藤凳。凳高35cm，凳面尺寸32cm×36cm。

木工工匠手制:
各种木凳合集

花塚光弘:
"臀下四友"。材质为楢木、山毛榉木、胡桃木和樱树木等。凳面厚4.5cm,尺寸20cm×25cm。凳高27cm。

川端健夫:
"圆凳"。材质为胡桃木,凳面直径30cm,凳高42cm。

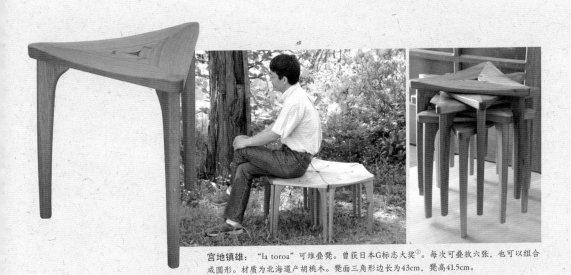

宫地镇雄："la toroa"可堆叠凳。曾获日本G标志大奖①。每次可叠放六张，也可以组合成圆形。材质为北海道产胡桃木。凳面三角形边长为43cm，凳高41.5cm。

户田直美：
高脚凳。图片左侧一张材质为胡桃木，凳面直径18.5cm，凳高63cm；右侧一张材质为楢木，凳面直径17.5cm，凳高65cm。

---

① G标志大奖是日本政府向日本厂商颁发的优秀设计大奖（Good Design Awards，因为奖项徽识是变形的G字，又称G标志大奖）。——译者注

自己动手试试看之一：

山极博史教您制作精美的松木软垫凳

松木软垫凳色彩鲜艳，设计感十足。如此精美的凳子，相信您一定也想自己动手制作一张。所需材料去家具店和布料店就能够买到。冈崎早苗希望能够拥有一张外观精美的家用凳子，于是在"nene"凳制作者山极博史（P31）的指导下开始进行试做。

4条腿的布面凳子。凳面尺寸为36cm×32cm。凳高38cm。

所需材料：
松木木材：
侧板（300mm×90mm×19mm）两块
横木（240mm×40mm×30mm）四根
凳腿（390mm×40mm×30mm）四条
柳安木合板：
凳面板（320mm×170mm×15mm）两块
圆柱形木棒（直径10mm，长300mm）
聚氨酯海绵（凳面坐垫填充物）
布料（包裹海绵。可使用两种不同颜色的布料，使凳面颜色更丰富）

制作工具（从上到下，从左到右）：
齿锯、双刃锯、压板、电钻（钻头尺寸10mm、5mm、3mm等）、射钉器（木工用订书机）、铅笔、刀具、量角器、卷尺、直角尺（矩尺）、剪刀、锥子、铁锤、砂纸（120号、180号、240号）、木工胶水、喷雾器、钉子（50mm×8、40mm×8、32mm×12）。

制作方法（参照P162）

⬇ 在部件上画线

1 参考第162页的制作图，借助直角尺、卷尺和量角器用铅笔在两块侧板上画线。用锥子在需要钉钉子的位置上钻孔。

侧板画线工序完成。

2 在四条凳腿上画线。先在距离凳腿横截面55毫米处画一条平行于横截面的线（拐角处不断，分别在凳腿三个面上留下两道短线和一道长线）。然后在距离侧面上边10毫米处再以相同方式画线。

3 在凳腿顶端画线，画线时需保留10度的偏角。要注意两侧凳腿的切割方向相反。

4 参考第162页的设计图，分别在两截横木上画A、B两种线。用锥子在需要钉钉子的位置上钻孔。两块凳面板上也需画线。

⬇ 板材切割与打孔

5 用压板固定侧板并进行切割。

6 切割凳腿时，要从水平角度反复检查凳腿与侧板的接合处（豁口），然后依次切割横木和凳面。

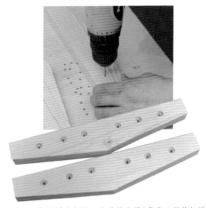

7 在侧板上打孔。在画线处用3毫米口径的细钻头打孔贯穿，之后用10毫米口径的钻头钻入钻孔6毫米至7毫米深处（用于插入圆棒）。

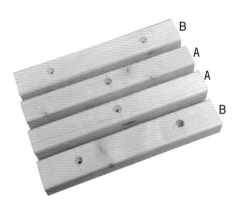

8 在横木上打孔。用细钻头打孔贯穿，之后用10毫米口径的钻头钻至6毫米至7毫米深处。分为A款单孔和B款双孔两类。

10 用木工胶水黏结侧板与凳腿。按照之前的钉孔位置分别在凳腿和侧板上钉2枚和1枚32毫米的钉子。

⬇ 拼装框架

9 在横木与凳腿连接处（豁口）钻两个钉孔，用凿子削刮平整后以180号砂纸打磨光滑。

侧板和凳腿的组装工序完成。

11 用240号砂纸轻轻打磨横木，用木工胶水将四根横木（B款在两侧，A款在中间）黏结到一边侧板上，再钉入32毫米的钉子（钉子不能全钉进去，留一半在外）。

12 将另一边侧板也与横木黏结，椅子初见雏形。此后需要晾干1小时。

13 拔出钉入侧板与横木间的32毫米钉，钉入50毫米钉。侧板与凳腿间的32毫米钉维持不动。

14 用齿锯锯掉凳腿与横木连接处不平整的部分。

16 将凳子放置于水平面上检查其是否平衡，如有必要则切削凳腿进行调整。

● 凳面贴布与安装技巧

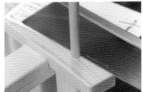

15 将圆木棒插入钉孔。先用砂纸打磨木棒顶端，然后用锤子沿竖直方向将木棒锤入钉孔。

17 将凳面木板以砂纸打磨后用喷雾罐喷上胶水。将处理后的木板放置于聚氨酯海绵上。将海绵裁剪至四周均略长于木板的大小。

18 将贴有海绵的木板放在布料上，并将布料折叠起来。拉抻布料使其平整，用射钉器将布固定在木板上。如果有钉子未能完全钉入，用锤子将其锤入即可。

19 不时检查布表面是否有褶皱。

20 凳面边角部位的布要经过多次折叠并用射钉器固定。最后用剪子或小刀将多余部分剪裁干净。

21 另一块凳面板的操作方式完全相同。

22 拼装之前要用砂纸打磨所有部件并确认其整体稳定性。摆正凳面位置后，从凳子底部向上钉钉子从而将凳面固定。如图所示，从两边的两根B款横木上预留的顶孔分别向上钉两颗40毫米的钉子，从中间的两根A款横木分别向上钉一颗50毫米的钉子。

制作要点：

一定要保证部件与部件之间的连接严丝合缝。

一、画线时一定要十分谨慎。如果一开始线没画好会直接影响到后续工作。一些部件尺寸形状完全相同但是画线部位却不一样，这一点请您制作时一定要注意（部件中有两款形状尺寸都相同的横木，但其钉孔位置不同）。

二、一定要保证部件与部件之间的连接严丝合缝。钉子一定要钉紧，凳子的结实度是最基本的也是最重要的。

三、凳面包裹的完善程度会影响到凳子的外观。您具体可以参照以下几点进行操作：

①认真检查布面是否有褶皱。如果使用的布料上带有花纹，则需要注意不要弄错了花纹的方向。拉抻布料时不宜过松或过紧。

②折叠凳面边角部位布料时，操作起来可能会比较困难，但事实上其要领与折纸相同，只需重复折叠即可。

③布料的选取可依据个人喜好而定，两块凳面采用相同颜色或不同颜色均可。

冈崎的制作感言：

这张凳子用来坐简直有点奢侈了！

冈崎：这款凳子的凳面十分精美，我很喜欢。虽然设计简单，但是放在房间里十分美观。原料松木在任何家具店都能买到，做出来的成品却存在感极强。能完成这张凳子我很自豪，我一定会好好加以利用。

Q：您认为制作时难点在哪里？

A：首先，使用齿锯切割侧板斜线的工序比较难操作。其次，我刚开始使用电钻的时候掌握不好力量，没想到需要用很大的力气。再次，由于布料比较厚，折叠起来也有些费劲。最后，画线工序是基本中的基本，要求精准度极高，也需要十分小心谨慎。

Q：您有什么想对读者说的？

A：在实际操作的过程中，我们的手法会越来越熟练，即便是初学者也会逐渐找到制作的诀窍。

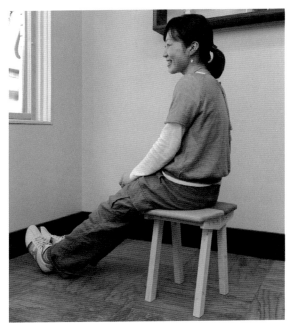

松木软垫凳制作完成！

心满意足！坐着真舒服！

木工入门大讲堂：
加工栗树原木，自己动手制作夏克式小凳子

讲师：久津轮雅（岐阜县森林文化学会讲师、NPO机构绿林木工协会顾问）

授课地点：岐阜县森林文化学会

1 首先，久津轮雅对木工制作进行了总体概述。桌子上摆放的是不同阶段的凳子部件。照片中前排为横木，后排是凳腿。从右至左代表着切割工序从粗到细。久津表示："使用原木木材和使用经干燥处理过的木材制作效果是不同的。因为在我看来原木是有收缩余地的。"

2 原材料为直径40cm的栗树原木。

所谓绿林木工，就是使用未经干燥处理的原木（greenwood）制作椅子和其他木器的木工风格。由于原木具有质地柔软易加工的优点，因此在制作过程中几乎可以不依赖电动工具，基本做到全手工。

17世纪后半叶诞生于英国的"温莎椅"，其椅脚与靠背圆棒也都是利用原木制成地。旋工师傅将从日本各地精心挑选出的山毛榉或榆树锯为木材，从森林运往城镇。

笔者本次参加NPO组织绿林木工学会主办的讲座，是希望学习如何使用栗树原木制作凳子。讲师在讲解制作工序的同时，还不时地与听众进行互动。本次讲座的示范作品与夏克式多功能凳基本属同一范畴。

（注：此次讲座为期5天，受篇幅所限，本文只介绍大体制作流程，详细工序将不一一赘述。）

3 使用楔子和直柄斧头分解圆木段。

"分解木段时叮叮当当的声音十分悦耳，然而要真的将木段劈开并没有想象的那么轻松。"

4 分解木段，要注意避开结块的部分和边材部分。

6 将部件固定于刨工台上用铣刀进行粗刨，将部件横截面切削为矩形。凳腿截面的面积约为38平方毫米，横木截面的面积约为20平方毫米。久津轮雅提醒："一定要小心倒刺，稍有不慎就会被划伤。"

5 准备凳子框架部件（凳腿、长横木、短横木）各四根（可再多加几根备用）。凳腿截面尺寸约45平方毫米，横木截面尺寸约25平方毫米。

"切削木材可谓是苦中有乐。我们会在不知不觉中进入一种冥想状态。"

"切削过程中可以闻到栗木酸中带甜的香气，让人干劲儿十足。"

7 加工凳腿。沿垂直凳腿长轴方向切断凳腿底端后，将凳腿打磨为锥形结构（底端细，顶端粗）。一边用铅笔画线一边用刨刀切削，将凳腿横截面打磨成八边形。

8 加工横木。将横木按照标准长度截断，再用南京刨（鸟刨）将横截面打磨成八边形。横木形状最终趋于圆柱体。

9 制作横木榫头。先用南京刨和砂纸打磨横木顶端。备用凳腿上已经打好了卯眼，将横木插入卯眼以检查其粗细是否合适，再用南京刨和砂纸持续打磨。久津轮雅提示："在制作榫头之前要先等横木完全干燥。以插入卯眼时感觉有一点点紧为宜。"

10 在凳腿上打卯眼。在南京刨打磨过的圆柱体凳腿上打卯眼以连接短横木。将16毫米半径的钻头打入凳腿25毫米深即可。

11 连接凳腿与短横木。在卯眼中涂上黏合剂，水平插入短横木。用压板固定以防止其干燥过程中转动。

"刚开始钻孔的时候谁都会有点紧张。不要慌，按照自己的节奏慢慢来就一定可以做好。"

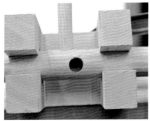

12 在凳腿上钻卯眼以连接长横木。两根长横木位于短横木下方,与短横木之间仅保留2毫米的间距。

13 拼接所有部件。将长横木与凳腿连接(与连接短横木步骤相同)。确认连接处垂直后晾干胶水。在距长横木30毫米处从上端截断凳腿,用小刀修整切面。

14 调整凳腿。待胶水晾干后检查凳子是否平衡。如果不平衡,则需切削凳腿下端进行调整。调整完毕后如有需要,可在这一阶段将凳子上漆。

15 制作坐垫。准备一个与凳面大小相仿的布袋,将刨花与木屑装入布袋中。

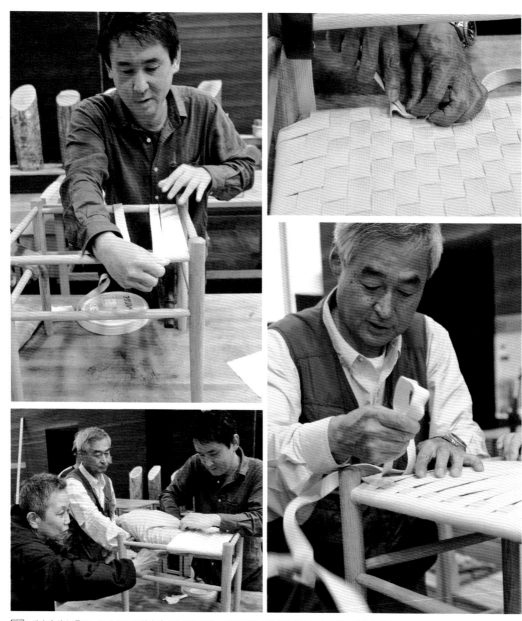

16 用布条编织凳面。沿平行于短横木的方向缠绕布条，缠绕过程中将布袋塞入布条中间。缠绕完毕后，再沿平衡于长横木的方向开始编织。编织过程中注意布条与布条间要留出空隙。

凳子尺寸约为48cm×38cm，高约43cm。

夏克式小凳子制作完毕！

"没想到用这样一根圆木就可以做出这么精美的小凳子。坐垫软软的，坐上去也很舒服。"

"我本来以为想做出好家具就必须用干燥木材，这次真是长了见识。原来我之前不使用原木做家具才是与舒适感背道而驰。"

坐在自己亲手做的凳子上喝咖啡小憩。

*NPO组织绿林木工协会讲座正在全国各地火热开办。

"自己动手制作就是有成就感。这把椅子我得自己留着用，还要在朋友面前好好秀一秀。"

"我触动很深，通过这次讲座我发现我对手工制作有一种自发的热爱，在制作过程中，我会有一种油然而生的喜悦感。"

第二章

带有小靠背的凳子
和小椅子

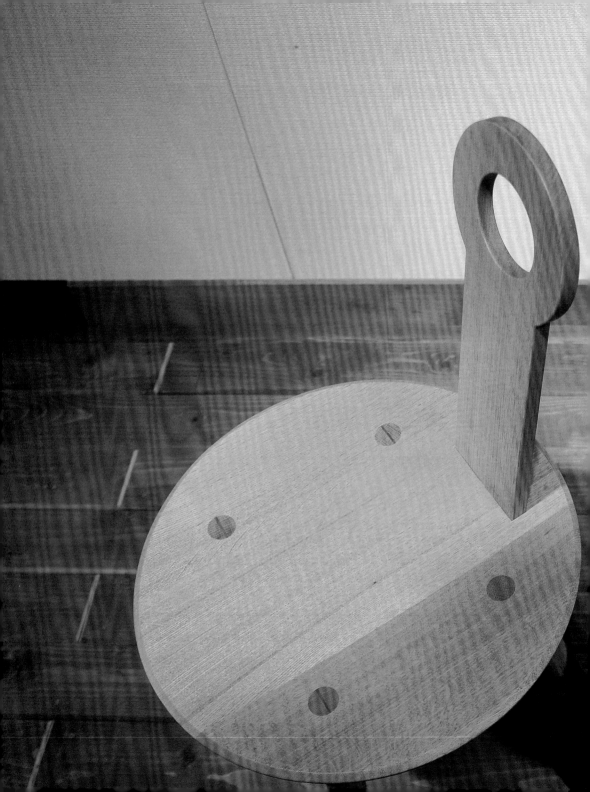

高桥三太郎：
"KAMUI" "MOON"
"MUSE" 三部曲

追求卓越，成
竹在胸后方可
面世

高桥三太郎：1949年出生于日本爱知县，北海道大学肄业。1982年于札幌开设工坊SANTARO。2000年，其作品在"生活用木椅展"中斩获优秀奖。2003年，其作品在现代木工家具展（东京国立现代美术馆工艺馆）中展出。

高桥三太郎制作的椅子和凳子。照片后排
靠墙摆放的椅子是迪尼斯·杨的作品。

这把椅子的椅背由锐利直线和平滑曲线共同构成，上面有两只圆溜溜的"大眼睛"。虽然它线条锐利，棱角分明，但因为这两只"大眼睛"的存在，平添了几分诙谐感。

"这把椅子的原型是我为北海道公共设施大厅设计制作的1.8米规格长凳，当时凳高和预算都是规定好的，由于客户要求作品必须带有北海道的风格，我就想到以猫头鹰的形象为原型设计出了这样一款作品。后来我又按照同样的方式设计了一款家用的椅子，椅背看上去虽然像是装饰，但实际上可以稳稳地支撑住臀部。"

这把椅子的椅背和椅座搭配得体，因为有了这个小小的椅背，使用者可以轻松保持坐姿，这也大大地提高了椅子的舒适度。这把"KAMUI"如今成了高桥三太郎的代表作品。

凳面以布条编制而成的"MOON"最初是为live house设计的。

"设计公司希望我设计一款便于收纳的可叠放椅子。于是'MOON'就诞生了。一般情况下，在客户给我提出要求后，我都会在这些要求的基础上进

一坐在"KAMUI"上，就可以感受到自己的臀部与猫头鹰状的椅背完美贴合。

KAMUI。椅座尺寸为35cm×35cm，椅背高55.5cm，椅座高40cm。

行一些改良，然后设计出变化多样的新作品。每一次我都要保证设计出的作品既结实又美观，直到我自己觉得作品足够完善，确实有把握了，再将其作为固定款式推向市场。"

高桥的新作"MUSE"是为俄罗斯海归、一名女性手风琴演奏家量身打造的演出椅。这位女演奏家是通过一家家具用品店向高桥提交的订单，希望最终的成品结实耐用，可以承受住演奏时激烈的身体动作。

"由于我之前从未涉猎过这种椅子的制作，一度十分头疼，从构思到制作完成大约花了3个月时间。我给椅子设计了锐利的线条，并保证了其稳固性。此外，考虑到这位演奏家曾长期旅居俄罗斯，我还为它添加了一些俄式前卫派的元素。椅背虽然乍一看较为轻薄，实则很有分量。椅子前脚向外张开，后脚则是直接用从椅背延伸到地面的锥形结构代替（越靠近地面越窄）。"

高桥三太郎坐在"MUSE"上晃动身体。

MUSE。即艺术之神。材质为胡桃木。椅座尺寸为22cm×30cm，椅背高57cm，椅座高40cm。文中提到为手风琴演奏家量身打造的作品是椅座高60cm的高脚凳。材质为楢木，椅座使用的是颜色鲜红的红木。

MOON。椅座尺寸为36cm×37cm，椅背高53cm，椅座高39cm。

在演奏开始之前，"MUSE"就会大大方方地出现在舞台中央，红木材质制成的椅座闪烁着鲜艳的红色光泽，成为一道亮丽的风景。这也大大提高了观众对节目的期待度。

"虽然我属于自学成才，并不是设计专业科班出身，但我会根据个人喜好，设计出令我自己满意的作品。在不断制作新作品的过程中，我逐渐形成了自己的风格。后来当我把自己的10件作品摆放在一起时，终于有人可以辨认出这些作品都是我的风格。做得多了，自然就找到制作的窍门了，但我不仅想找到窍门，更想探求制作的本质。只有在不断制作过程中积累对制作本质的理解，才能创造出独一无二的作品。"高桥三太郎的感言掷地有声。在家具制作行业中摸爬滚打30多年，他的观点自然也颇具说服力。

井崎先生坐着平底锅椅子

井崎正治：
"平底锅椅"

精益求精，不断改良，
三十年磨一"椅"

井崎正治：1948年出生于日本爱知县。在旋工作坊见习后，23岁自立门户，于爱知县浦郡市开设"盐津村"工坊。现在在家具制作、住宅设计以及木工雕刻等广泛领域内都能看到井崎的身影。

这款椅子外形酷似平底锅，因而得名平底锅椅。第一把平底锅椅诞生于30多年前。

"这把椅子是一家咖啡馆的老板托我制作的。因为店面很小，只有6平方米，所以他想要一把既不占地方，打扫卫生的时候又方便收起来的椅子。由于咖啡馆老板擅长平底锅料理，我就直接照着平底锅的形状设计了这把椅子。"

从那以后直至今日，这款椅子的订单依旧蜂拥而至。坐上去一试，楢木椅背柔韧性十足，与后背贴合度较高。同时由于其结构简约且便于挪动，一直受到广大消费者的青睐。

"那个时候我也就25岁左右，制作家具的经验并不是很丰富。因为我是学车工出身，所以我最开始制作椅子时都是用车床来加工椅脚和椅座的。后来每次来新订单，我都会对作品进行微调改良。"

平底锅椅。左边为近期作品。椅座直径40cm，高40cm；椅背高75cm。右边为30多年前的早期作品。椅座直径39cm，高38cm；椅背高75.5cm。材质均为楢木。

近期作品的椅座座面平坦

如果将井崎的早期作品和最新作品放在一起略做比较，不难发现二者的气质不尽相同。新作品的椅背上圆孔更大，更加便于握持；早期作品的椅座座面向内凹陷，而新作品的椅座座面是平坦的。

"这么一比较的话可以发现早期作品看起来更舒适，而近期的作品则失去了柔和感。这类问题往往伴随椅子尺寸的缩小而发生，在这一点上我需要好好反省和注意。"

井崎接下来想制作一款让人们看见就想试坐的椅子，他告诉我们："制作椅子时要把每一个部件的细节都抠得细之又细，这想想就让人头疼，但与此同时，制作者也可以在此过程中获得一种满足感和成就感。实际上，要制作一把让人一看就想坐上去试试的椅子，少一些设计上的条条框框，多一些深层次的内涵又有何不可呢？到底外观、材质和结构哪一点最关键呢？我倒是认为把功能性放在首位，不加什么装饰元素的作品才有趣。"

井崎凝视着自己不同时期的两个作品，进行着自我反思。尽管在工作岗位上已经奋斗了40余年，但他依旧没有完全参透椅子制作的奥秘。

山元博基：

"NAGY·09-ANN"

后侧椅脚与横木完美搭配，形成黄金比例

山元博基：1950年出生于日本北海道。从多摩美术大学立体设计系毕业后进入收藏家具公司从事家具制作，1979年跳槽至设计公司。1983年，山元开设"gun"设计工作室。其作品分别在第三届和第五届"生活用木椅展"中获奖。除此之外，他的作品在其他赛事中也曾多次入围并获奖。

"NAGY·09-ANN"。左一把高42cm，右一把高40cm。

山元博基早在10岁左右就开始制作椅子了。他对椅子的喜爱是与生俱来的。

"因为从小家里用的都是小矮桌（译者注：不需要坐椅子），所以我对椅子是十分憧憬的。我会从木工制作的现场收集一些边角料用锯子或是斧头自己做。"

大学二年级的山元在学习室内装饰设计时，经常能够在杂志中看到汉斯·瓦格纳所设计的牛角椅。这款椅子属于两点支撑结构，支撑后侧椅脚的仅为一根横木。

"我当时感觉十分震撼，没想到椅子竟然还可以有这样的表现形式，于是萌生出了自己也去动手试试的想法。从那之后，我便开始醉心于椅子制作。"

山元博基坐在"NAGY·09-ANN"上

山元在图纸设计阶段经历了多次失败，最后终于实现了后侧椅脚和横木位置搭配的完美平衡。

从椅座底部向上看

椅子俯视图

OKO系列小椅子，由于供儿童（"儿童"一词的日语罗马字母为okodomo——译者注）使用而命名。材质为柚木和鸡翅木。椅座由纸绳编织而成。

KR系列小椅子

瓦格纳一开始也是一名普通的工匠，后来才走上了家具设计师的道路。山元认为"复制瓦格纳的人生轨迹也是不错的选择"，于是在毕业后进入一家主营衣橱等木质箱柜的家具制造公司工作。为了积攒实际操作经验，山元在那家公司工作了两年之久。此后，他作为一名家具设计师开启了马不停蹄的职业生涯，即便是在日本泡沫经济危机最严重的时期，他也鲜有喘口气的机会。

"在泡沫经济时代进入尾声时，我猛然间发现自己做了这么多年椅子，却并没能留下一件得意之作。于是我决定去参加比赛。"

山元可以说是一位懂设计的木工工匠，也可以说是能够亲自上手制作家具的设计师，而这一点也正是他的绝对优势。凭借这一优势，他的作品多次在比赛或展览中入围并获奖。

"设计一把椅子，要先从画后视图开始入手。我之前在木工学校讲课的时候也要求学生画图纸的时候先画出后视图。如果从前往后画，往往大家就把椅子后半部分当成'幕后

桃花心木制成的小椅子

工作者'，给随便糊弄过去了。当然了，椅子作为一种坐具，舒适度是大前提。"

山元是图纸至上主义者。

"在制图阶段，脑海里本来朦朦胧胧的想法会变得逐渐清晰起来。一般都要先画一张草图，放一晚上第二天再看，把觉得不合适的地方改一改。每次隔一小段时间再看，都能发现新问题。当脑海中图纸的所有细节都变得十分清晰，就算是成功了。设计图画好以后就无须多想，直接照着图纸制作就可以了。如果做出来感觉哪里不对劲儿就再修改。如此反复，就算是已经在比赛中获奖的作品，我回来之后也会一点点地进行微调。"

最近，这把"NAGY·09-ANN"小椅子经过山元的不断调整已经趋于完善。"由于凳子没有靠背，不宜久坐，我就试着在凳子上加了靠背，这样就可以长时间使用了。"山元在模仿瓦格纳设计理念的同时，也在作品中融入了自己的风格。

山元不仅崇拜瓦格纳，同时也是超轻

量级椅子"superleggera"缔造者吉奥·庞蒂[1]的狂热粉丝。此外他还很喜欢雕刻家阿尔贝托·贾科梅蒂[2]。

"以前有朋友说我制作的椅子风格一半像瓦格纳，一半像吉奥·庞蒂。这真是说到我心坎里去了，因为我就是以这两个人为榜样开始设计制作的。我喜欢椅子不仅是因为它的功能性，椅子的雕刻工艺也是一门学问。在我的学生时代中，特别是赋闲在家的那段时间里，我欣赏了大量的绘画作品和雕刻艺术作品。雕刻艺术已经在不知不觉中融入了我的血液当中。"

几十年以来的工作一直与椅子息息相关，山元依旧没有感到厌烦。当问及他眼中最理想的椅子是什么样子时，山元的回答言简意赅："我感觉越简单越普通的椅子越好。就是普普通通的坐具而已，不需要搞得太隆重。"

---

① 庞蒂出生于意大利米兰，是意大利著名建筑师和设计师，也是国际主义风格的代表之一。他曾于1918—1921年在米兰学习建筑学。——译者注
② 阿尔贝托·贾科梅蒂（Giacometti Alberto，1901—1966），瑞士超现实存在主义雕塑大师、画家。——译者注

木工工匠手制：
带靠背的凳子与小椅子

绿林木工协会成员：
用栗树原木制成的餐椅。椅身经氢水上色后
以核桃油涂抹。椅座为纸绳编制而成。椅座
为梯形，前侧边（下底）长38cm，两侧边
（腰）长30cm，后侧边（上底）长32cm。
椅背高74cm，椅座高52cm。

山极博史：
"弯曲椅d"。材质为樱
桃木。椅座为梯形，前侧
边（下底）长41cm，两侧
边（腰）长36cm，后侧边
（上底）长36cm。椅背高
52cm，椅座高41cm。

池田三四郎：
手制小椅子。这把椅子归"三谷"意餐店（位于长野县松本市）老板三谷宪雄所有，他曾与松本民艺家具创始人池田三四郎（1909—1999）有过接触。椅子的材质为刺槐木。

傍岛浩美：
凳子。凳子的材质为栗木。凳面为边长41cm的正方形，分高矮两种尺寸，座高分别为55cm和42cm。凳子顶点到凳面的距离为12cm。

自己动手试试看之二：

山元博基教您制作
榫头拼接小课椅

今天我们要学习用牢固的榫头拼接方式制作简易的小课椅。这把小椅子十分结实，不仅可供小孩子使用，也能承受住大人的重量。椅子的原作者——家具设计师山元博基（P61）说："要是这把椅子能做成的话，大多数椅子都不在话下了。"那就让我们打起精神，从画线和制作榫头开始尝试着做做看吧！

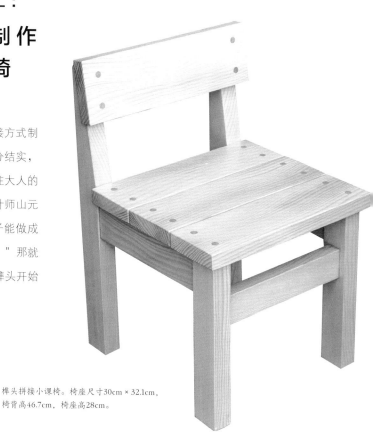

榫头拼接小课椅。椅座尺寸30cm×32.1cm，椅背高46.7cm，椅座高28cm。

所需材料：

针枞木材
背板（300mm×90mm×24mm）一块
座板（300mm×90mm×24mm）三块
衬板（275mm×60mm×24mm）两块
后侧椅脚（450mm×45mm×30mm）两根
前椅脚（256mm×45mm×30mm）两根
前横木（264mm×45mm×24mm）一块
圆棒（直径1cm）一根
*请从家具店购买尺寸为910mm×90mm×24mm和910mm×45mm×30mm的针枞（红松木或普通松木亦可）木材各两根（也可购买长1820mm的木材各一根）。可委托家具店按照第163页的木材处理图纸将木材进行切分。

制作工具（从上到下，从左到右）：
电动螺丝刀、电钻、钻台、刨子、锯子、锤子、细凿、平凿、锉刀、锥子、画线规、直角尺、台钳（压板）、十字花螺丝刀、螺丝、铅笔、橡皮、双面胶、胶带、木工胶水、废旧卡片、1元硬币（8枚）、塑料袋、破抹布、砂纸（120号、180号）、涂料（osmo 3101）、刷子。

制作方法（参照P163—P164）

⊙ 给部件画线

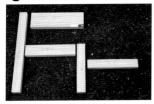

⊡1 将各部件按照成品的结构摆放，预览效果。照片最右侧的木板是椅子的前横木材料，最上面的木板是椅座和背板的材料。

⊡2 借助直角尺和废旧卡片参照第163页的加工图画线。椅子后腿上部的流线需借助一元硬币画制。如果有专业画线规的话，绘制平行线就轻松多了。山元告诉我们："画线工序是最花时间的。"

⊡3 在椅座板材和椅背板材上分别留出螺丝孔并用锥子戳出记号。这样之后使用电钻钻孔时就会轻松很多。

⊙ 加工部件（钻卯眼等）

⊡4 加工前横木和衬板的榫头。在边角料两面贴上双面胶，将其边缘与画线位置重合，用锯子锯出缝。

⊡5 以压板固定板材，用厚凿横向切削。用手压住厚凿，以保证其水平前进。"稍微多削掉一些也没关系，只要最后拼接的时候能对得上就行。"在之后的榫头拼接过程中还可以略做修整。

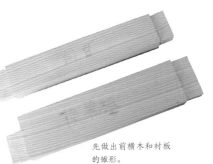

先做出前横木和衬板的雏形。

⊡6 加工后侧椅脚。以边角料辅助，沿倾斜方向切割椅脚板材上端，最后用刨子刨平切面。加工椅脚顶部时，先用锯子锯掉矩形板材的四个角，再用锉刀和砂纸将切割后的部位打磨成圆弧形。

*如果您感觉斜切不易操作，可以在购买木材时委托家具店帮忙加工。此外，如果您在打磨过程中不便使用刨子，也可以用砂纸代替。

7 在椅子前脚和后脚上钻卯眼。此步骤需要借助安装在钻台上的电钻（钻头横截面积12.7平方毫米）完成。钻孔时要保证钻头的中心点在板材的中轴线上。为了确保万无一失，建议您先用边角料做实验。

8 根据卯眼的标准深度调整钻头的位置。在钻卯眼的过程中缓慢移动板材，用游标卡尺测量深度。

前脚（图片下部）和后脚（图片上部）的卯眼钻制工作一同完成。

9 在椅座板材上钻卯眼。先用电钻（钻头直径9.5毫米）在每块座板上钻4个深10毫米的卯眼，之后用直径3毫米至4毫米的钻头贯穿卯眼作为螺丝孔。

⊙ 榫头拼接测试

10 调整榫头和卯眼。用凿子将榫头打磨平整，这个步骤可以直截了当一些。卯眼内部也要用凿子处理至平滑，尤其要注意边角部分。

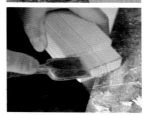

11 如果榫头插不进卯眼，则需要用凿子进一步处理。先在卯眼内部用铅笔描边再插入榫头，榫头上会留下铅笔的痕迹。将榫头上留下痕迹的部分削掉就可以了。

12 组装时我们会借助锤子将榫头敲入卯眼（用边角料垫在锤子和板材间缓冲），这时就需要注意避免板材开裂。特别是前侧椅脚和衬板拼接的时候要格外小心。最好是用卡片检查一下二者是否垂直。山元表示："拼接的过程是很有意思的。"

13 测试完毕后将所有部件重新拆开，再用砂纸打磨表面。

⬇ 拼接椅子框架

14 将椅脚、衬板与前横木接合。榫头和卯眼拼接前要涂上木工胶水。上图从左至右分别为座板、衬板、后侧椅脚、前横木和前侧椅脚。

15 将拼接后的部件用台钳加紧，检查是否垂直。在夹具和椅脚之间要垫上边角料。

16 待胶水晾干后给椅子上漆。这里建议使用"osmo 3101"漆，需要涂两次，涂好之后用布擦干净。至此椅子的框架部分完成。背板和座板也在这一步中上漆。

⬇ 在椅子框架上拼装座板和背板

17 取一块座板，将其紧贴后侧椅脚放置，用电钻（配3毫米钻头）穿过座板的螺丝孔向下打眼，打好眼后用32毫米规格的螺丝拧紧。

[18] 拼接背板和后侧椅脚。在已经固定好的座板上紧贴后侧椅脚垂直放置另一块座板，在其上边缘左右各放4枚1元硬币。再将背板立在硬币上，用电钻打孔后拧上螺丝固定。

[19] 安装剩余两块座板。每两块座板间插入两枚1元硬币，用电钻打孔后拧上螺丝固定。固定完成后取出硬币。

[20] 用圆棒堵住螺丝孔。把10毫米直径的圆棒切成长10毫米的小段，用砂纸打磨每个小段的其中一个截面。在螺丝孔内涂上木工胶水后，用锤子把小木段敲入。

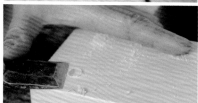

[21] 将圆棒小段敲入卯眼后，用锯子将突出的部分锯掉。操作时可以将旧明信片垫在锯子与座面之间。之后用平凿铲平，再用砂纸（120号、180号）打磨光滑。

[22] 给拼接处上漆。

制作要点：

拼接榫头结构时切忌使蛮力

一、在拧螺丝之前先在木板上钻个小孔。这样拧起来会轻松许多，木板也不易开裂。特别是后侧椅脚的上半部分较细，在拧螺丝时更需格外小心。

二、在拼接榫头时一定要控制好力量的大小，尤其要注意前侧椅脚的卯眼。如果有开裂情况发生，请立即用流体速效黏合剂进行修补。

三、使用工具时可以找找窍门。比如用双面胶把废旧的塑料卡片粘贴到方形木块上就可以制成一把方形水平角尺。徒手钻制垂直的方形卯眼十分难以操作，如果借助钻台的话就轻松很多了。

四、在组装部件时要相信按照图纸进行操作绝对没问题。希望您能把它当成为自己心爱的人制作的作品来进行操作。

榫头拼接小课椅制作完成！

自己动手试试看之三：

井崎正治教您用自制刀具给三岁儿子制作小椅子

我们将以竹下孝则给三岁儿子孝太郎制作椅子的过程为范例，学习如何用自制的小刨子加工椅脚和椅背横木，制作一把小椅子。

要制作孝太郎十分喜爱的这把小椅子，需要经历用小刨子切削部件、拼接榫头、打楔子等一系列过程。本次制作由木工工匠井崎正治（P58）指导。

小椅子。椅座尺寸为32cm × 28cm。
椅背高37cm，座高21cm。

制作工具：

锯子、锤子、凿子、切割刀、小刨（自制）、凹刨、十字花螺丝刀、电钻、压板、直角尺、45度角尺、弧形尺、木工胶水、布料、圆木棒、铅笔。

废旧金属锯条

截取5厘米长的锯刃，打磨截面。

*废旧金属锯条可以在五金店买到，如果条件允许，也可以委托五金店协助截取和打磨。

椅子材料：

核桃木材
座板（320～330mm × 280～290mm × 32mm）一块
横木（250～260mm × 50～60mm × 20～25mm）一块
椅脚（220～230mm × 30mm × 30mm）四根

樱木材
后背栏杆（165mm × 13mm × 13mm）五根
椅木材、板屋枫木材等坚硬木材
制作楔子用板材（宽度25mm左右，长度120mm以上，厚度3～5mm）一块

小刨材料：

坚硬的广叶木材（梣木、水曲柳、橡木等）
型号1木材（110mm × 20mm × 23mm）一块
型号2木材（110mm × 7mm × 23mm）两块
40毫米螺丝两根
旧锯条（约截取5cm长）
照片从右至左分别是尺寸为110mm × 20mm × 23mm的木材、由其切割而成的型号1和型号2两种木材和刨子的部件、小平刨以及小凹刨。照片最下面的是旧锯条。
*所有部件大体按照以上尺寸处理即可。

制作方法（参照P165）

⊕ 制作小刨

2 在小刨侧板的板材上留下切口以便插入锯条。切口要稍窄于锯条宽度。用木工胶水涂抹接合处，将侧板与刨台黏结完毕后拧入螺丝固定。

3 首先检查锯条的方向，然后将锯条插入刨台，小刨子就做好了。

⊕ 小椅子各个部件的加工

4 参照第165页画线方法在板材上画线。

1 参照第165页画线方法沿45度角尺在刨台板材上画斜线（斜线与板材边缘成45度角）。把锯子靠在边角料上，沿画好的斜线将板材锯成两截。在要上螺丝的位置画出记号。

5 根据椅脚插入座板的角度在座板上钻卯眼。用夹具固定住电钻钻头（直径26毫米）并在钻头旁垫上边角料。用钻头紧贴切割成75度角的板材在座板上打孔。

6 在座板与椅背栏杆的拼接处用电钻（钻头直径13毫米）钻卯眼。由于此步骤中座板不可以直接打通，因此需要先用电钻贯穿一块边角料，只露出15毫米左右的钻头，再钻卯眼。
*也可以将座板与横木叠放，一起用电钻打孔。

7 用锯子切掉座板的四个角。

8 用凿子切削椅座表面。图左为正在操作的竹下，图右为在一旁指导他的井崎。

9 用厚凿将座面底部周围一圈的部分凿出坡度，在这一步骤中将会留下很多凿痕，用薄凿将凿痕处理干净。

10 用自制的小刨子刮平座面周边。

11 开始加工椅脚。参照第165页在椅脚上部（靠近座面一侧）沿图纸上的楔子插口画线。

12 在插口画线尽头处用电钻（钻头直径4毫米）钻孔贯穿，再用锯子沿画好的线一直锯到钻孔处。

13 用自制的小刨子将椅脚的棱角磨掉。如下图所示，借助夹具操作起来更轻松。

14 用圆规在椅脚截面上画圆（上截面圆直径22毫米，下截面圆直径25毫米），再用小刨子将椅脚修整至近似于圆柱的柱体。

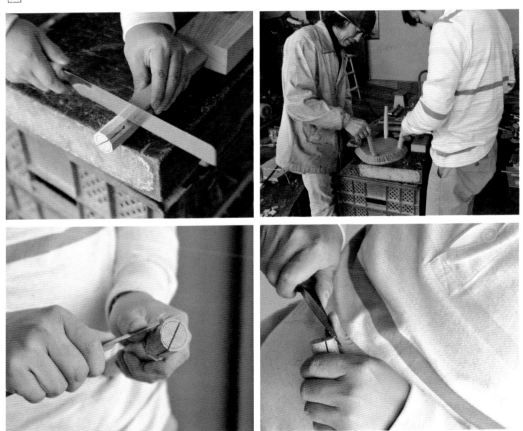

15 修整到一定程度以后，在椅脚上端开一个深12毫米的切口，用小刀切削椅脚（就像削铅笔一样）制作榫头。切削范围为椅脚上截面到切口尽头，要不时检查榫头与卯眼是否可以拼接。将椅脚上截面打磨平整后，椅脚的制作工序就完成了。

17 加工椅背栏杆。用小刨子将板材的棱角磨圆。

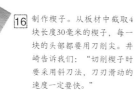

16 制作楔子。从板材中截取4块长度30毫米的楔子，每一块的头部都要用刀削尖。井崎告诉我们："切削楔子时要采用斜刀法，刀刃滑动的速度一定要快。"

18 加工横木。为了将横木打磨成流线型，需要用锯子在板材上切出较多切痕。要一边用锯子切削出大致轮廓，一边用厚凿和小刨子打磨平整。

⬇ 组 装

19 进行各部件的拼接测试。

20 将测试完毕的部件拆散，在接合部位涂上木工胶水后正式组装。首先拼接椅脚与座板。在插入椅脚时，要保证卯眼和榫头接近于垂直，这样椅脚的方向才是正确的。最后用锤子将椅脚锤入座面。

21 用锤子将涂好木工胶水的楔子缓缓锤入椅脚顶端的切口。竹下告诉我们："刚开始锤下去的时候锤击的声音发闷，等发出叮叮当当的清脆声音就说明可以了。"

22 切掉凸出座面的椅脚部分。在锯子和座面之间可以垫上旧明信片一类的东西以防磨损座面。

23 用水浸湿切口处，为了使接合面平整，还需再用凿子进行处理。

24 将椅子放在水平面（如玻璃板）上检测其是否平衡。如果椅子摇晃，则需要调整椅脚长度。先在椅脚上用铅笔画线，再用锯子将多余部分切掉。

25 在接合处涂上木工胶水，黏结椅背栏杆与座面。最后打磨椅脚底面。

小椅子制作完成！

孝太郎也是一脸喜悦

制 作 要 点 :

椅脚卯榫结构的设计和拼接都要足够精准。

一、由于椅子是一种坐具，因此椅脚榫头拼接的精确度是最重要的。虽然这一步难度极大，但只要能把这一步做好，其他的步骤也都不在话下。

二、椅脚向四周扩张（倾斜）的椅子具有较高的稳定性，即便四条椅脚与座面之间的角度不一致也没关系，只需在之后的步骤中进行调整即可。这一步仅凭目测就可以完成，您不必感到惊讶。

三、厚凿需要借助锤子打击的力量才能进行切削工作。在操作刨子时最好稍微倾斜刨身，注意不要逆木纹方向切削。

竹下的制作感言：

没想到自制的刨子也能切削得如此得心应手。

制作这把小椅子的时候孝太郎也帮了我不少忙，这对于他来说是一次十分有意义的经历。我希望这把椅子可以长久地使用下去。能制作出这样一把椅子，我也算是在妻子面前露了个脸。

要说制作过程中最让我感到苦恼的，那就是用刨子加工板材的时候，为了尽量把板材打磨平整，我使了太大的力气，于是就刨出了倒刺。但是后来我做着做着就找到了窍门。当我觉得终于在某一个步骤中掌握了要领，就又要进入下一个环节了。拼装椅脚的时候也是如此。装第一根椅脚的时候感觉十分困难，装到第四根的时候就已经习惯了。

如果说有什么新发现的话，那就是我之前一直觉得刨子这种东西只能去商店买，没想到自己动手做出来的刨子使用起来也这么得心应手。这一点我觉得很有趣。

第三章

风格独特，以铁、竹及杉木间伐材等[1]材料制成的轻巧座椅、摇椅以及拼装椅

---

[1] 间伐材是一种木材的叫法，因为人工林树木的间距较密，须将部分树木伐除，以维持足够的树木间距，使树木获得充足阳光，树根有扩展的空间，让森林生长得比较理想，伐除取得的木材就是间伐材。

小沼智靖（P95）作品"回旋椅"的座面。材质为杉木间伐材。

从左至右分别是黄檗彩漆小椅子（4条腿，高42cm）、光面黄檗凳（4条腿，高42cm）、两只光面黄檗凳（3条腿，高35cm）、高脚凳（高60cm）。座面直径均为32cm。

深见昌记：

彩漆小椅子

深见昌记坐在光面黄檗凳上

黄檗与铁极具现代气息的完美融合

深见昌记：1977年出生于日本爱知县，毕业于关西外国语大学。在商社工作一段时间后，深见重返校园，进入东三河高等职业技术学校学习木工专业。毕业后在一家殡葬用品店负责制作祭坛等殡葬礼仪用品。2004年，深见进入前田木艺工坊，跟随前田纯一学习技能。2007年自立门户，于名古屋开设深见木艺工坊。

ST凳。凳面高35cm。铝制小桌高56cm。

凳面上还保留着刨子刨过的痕迹

深见将自己的专属符号刻在座底

深见正在加工凳子的铁脚

这款小椅子的座面材质为黄檗木，座面上保留了刨子切削的痕迹，椅座侧面以彩漆涂制，下配涩面铁质椅脚。彩漆小椅由多种材料制作而成，透过其框架结构，我们可以感受到深见昌记过人的制作水准。

"我希望我制作出的椅子可以兼备功能性与美观性。椅子的整体结构也许不会很复杂，但我希望它能够在某个侧面上呈现出一种诙谐感，同时又不能做得太过夸张。"

深见在铁材的处理上可谓是下了一番苦功。他将灼热的铁材与绸制的旧衣服烧接在一起。

"一靠近灼热的地方，旧衣服就会吱吱地熔化，变成黏稠的液体附着在铁棒上。处理完成后摸上去的感觉就像软垫一样。"

深见师从木工艺术家前田纯一学艺三年半之久。而这种特殊的烧接处理方法正是前田纯一传授给他的。深见曾经就职于一家企业，但他表示"不甘继续当时的生活状态，认为在企业工作不对自己的路"。于是他辞掉工作，进入职业技术学校学习木工技术，在殡葬用品店工作一段时间后，又拜出身江户指物师家族的前田纯一为师。"我对传统工艺兴趣浓厚，学习的过程十分辛苦，但同时也让我获益匪浅。技术层面上，我更愿意使用刨子进行手工操作，而不去借助任何电动器械。"

深见坐在ST凳上。锻造铝小桌作为ST凳的一部分有多种用法——可以在上面进行书写工作，也可以用它来倚靠手肘或后背。

由于深见学艺时就住在老师家里，因此从老师一丝不苟的生活态度中也获益良多，养成了对事认真的习惯。也许正是老师的言传身教，带给了深见潜移默化的影响。

"老师的作品就是摆在我面前的榜样。自不必说，在给老师打下手的过程中，我也明白了怎样的作品才算得上精美。"

深见在制作作品时除了会使用木材和钢铁以外，也会选择铝、铜或黄铜等作为原料。他的作品在运用了指物和涂漆等日本传统工艺的基础上，还散发着浓浓的现代气息，让我们感受到手制作品的无限可能。

森明宏：
樱竹藤凳

运用竹之坚韧，打造超轻量级座椅

森明宏：1962年出生于日本岐阜县，毕业于静冈大学工学院情报工学系。起初就职于某公司，后师从木工工匠井崎正治学艺，1997年自立门户。2010年，森明宏的作品在第49届日本工艺品展中斩获招待审查员奖。现为名古屋造型艺术大学名誉讲师。

只需用一根小拇指就可以把樱竹藤凳举起来

"樱竹藤凳"。凳面尺寸30cm×40cm，凳高39cm。

用喷烧器炙烤竹子表面。这一步骤可以逼出竹子内部的油脂，使竹子表面富有光泽，同时还可以去除竹子内部的蛀虫。

拼接凳面与凳腿。将劈成三瓣的竹子顶端加工为圆柱形榫头结构，插入樱木材质的凳面框架中。

"樱竹藤凳"部件材料

樱竹藤凳的重量只有800克，只需用一根小拇指就可以举起来。其实轻巧的秘诀就隐藏在凳子的原材料之中——竹制凳腿，藤编凳面，凳面框架由樱木制成。当然，这些都是在充分满足适坐这一基本功能的条件下实现的。

"在我授课的大学里有一片树林，树林中长有粗壮的竹子。我从中挑选竹节长30cm左右的孟宗竹进行砍伐，作为凳子的原材料。"

这款樱竹藤凳在第49届日本工艺品展中斩获招待审查员奖，其灵感来源于森明宏此前作品"花凳"。花凳的凳脚材料为胡桃木与樱木，凳面由水曲柳等材料制作而成。

"我想尝试用竹子来制作花凳的凳腿，于是就把竹板劈成三瓣，但不完全劈开，只劈到竹节部为止。竹子的柔韧性极好，不易折断。此外，如果使用一整块木板制作凳面的话，凳子的重量就会增加，因此我尝试

"tripod"。材质为水曲柳，高41cm。

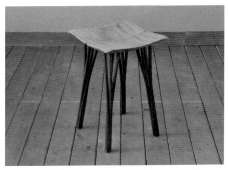

花凳。凳面材质为水曲柳，凳腿材质为胡桃木，高42cm。

森明宏坐在樱竹藤凳上

从水平方向看"tripod"

用重量较轻的藤蔓编织凳面。"

虽然这张凳子最引人注目的地方在于竹制凳腿，但是最让森明宏下功夫的是凳面的框架。

"最开始我是将凳面框架设计成了平面矩形结构，然而在这种设计下，凳面与凳腿在拼接时出现了问题。于是我将凳面改良成了带有弧度的矩形，就好比是在椭圆球上面画了四个角一样。"

森明宏是工科出身，因此在制作家具等作品时会运用其理科思维进行计算。"tripod"（三脚凳）这一作品的三条凳腿互相交错。在制作过程中，森明宏运用三角函数公式对凳腿的交错角度进行了精密计算。

"我希望我的作品是与众不同且难以模仿的。虽然我喜爱木材，但我又不想在制作作品时过分拘泥于木材，因此我希望也能够使用金属和玻璃等材料制作作品，竹子也是不错的选择。"

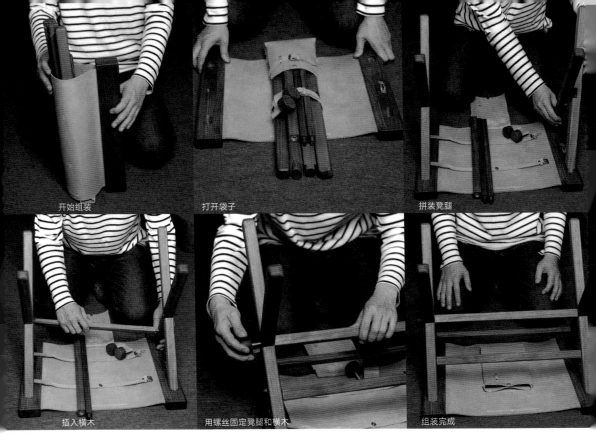

开始组装

打开袋子

拼装凳腿

插入横木

用螺丝固定凳腿和横木

组装完成

秋友政宗：

"Pluma Bolsa"

收起时亦可作为室内装饰的皮座折叠凳

秋友政宗坐在"Pluma Bolsa"上。凳面采用具有弹力的皮革材质，坐感舒适。凳面会沿水平方向略微摇晃，但不会沿前后方向摇晃。

秋友政宗：1976年出生于日本福井县，成长于日本广岛县，毕业于大阪府立大学。在邮局工作一段时间后，秋友进入广岛县立辅导高等职业技术学校学习室内装潢设计。毕业后，秋友就职于匠工艺家具制造公司从事家具制作。2008年自立门户，开设"LLAMA FACTORY"工坊。

"Pluma Bolsa"。凳子框架材质为胡桃木。凳面高46cm，尺寸为51cm×41.5cm。

"当这张凳子处于收起状态时，我们可以联想到被画家随手包裹收起的画笔。"

秋友将这张凳子命名为"Pluma Bolsa"，在西班牙语中，"Pluma Bolsa"是笔袋的意思。被收起的凳腿从皮质袋子中微微露头，仿佛就是参照笔袋的样子设计出来的。

"日本的住宅比较狭窄，因此给凳子找到合适的放置场所就成了一个难题。于是我就考虑如何设计出一款平时可以收起，需要的时候再拿出来用的凳子。而且我希望即便在收起状态下，这款凳子也能够成为房间的一件装饰品。"

秋友选择了具有弹力的滑面皮革作为凳面的原料。皮革凳面的制作是秋友在他的老熟人——皮匠尾崎美穗的协助下完成的。

"如果只用木材来制作的话，那么作品的表现力就容易变得单调。所以我在作品中也加入了木材之外的其

凳子不用时可以以皮革座面包裹凳腿，放置在房间角落。

他元素，试图激发出作品的存在感。我很喜欢皮革的触感，又由于它与木材都是天然产物，因此我尝试使用了皮革。皮革的加入也让这张凳子的整体气质上了一个档次。"

秋友充分考虑了凳子结构的合理性和平衡性，然而他并没有描画精密的图纸，而是迅速凭借自己脑海中的图像将胡桃木材组装成了凳子。在多次尝试后，秋友终于获得了成功。

"我希望设计出风格简约，经久耐用，让使用者百坐不厌的作品。不仅如此，我还想在作品中加入一些趣味性。作品中一个有趣的构思会变成整个作品的亮点，因为这一亮点，人们会对作品更加满意和喜爱。以这张凳子为例，它的组装拼接过程趣味性十足，收起时也可以起到装饰作用。"

秋友大学期间主攻经济学，毕业后就职于邮局。由于他希望自己能够通过工作留下一些有形的、具体的成果，便转移到了木工领域。在北海道匠工艺家具公司工作期间，秋友在技术层面上学到了如何制作和品鉴优秀的作品。而他所设计制作的这款"Pluma Bolsa"正是完美地实现了坚固耐用、造型美观的标准，堪称一件兼具实用性和观赏性的难得佳作。

小沼智靖：
杉木间伐材凳

桥本裕：
橡木铁脚凳

小沼智靖坐在回旋椅上

以画家之感性缔造
上等工艺品
轻薄橡木座搭配
纤细铁脚

小沼智靖：1965年出生于日本埼玉县，毕业于东京艺术大学研究生部油画专业。小沼智靖起初从事绘画工作，在35岁左右也开始制作木工作品。2002年开设"小沼设计工作室"。

桥本裕：1963年出生于日本兵库县，毕业于上智大学经济学院。在化工公司工作一段时间后，桥本考入美国海伍德社区学院木工系，回国后师从木工工匠安藤和夫。桥本于1997年开设裕工坊，2004年启动"小椅子"项目。

小沼智靖用杉木间伐材为原料制作的凳子

桥本的新作品。凳面材质为楢木，凳腿为铁制。凳面尺寸为 16~19cm×38cm，凳高36cm。

桥本手拿自己的新作，讲述自己关于切削楢木的感触。

与其说小沼制作的椅子是木工作品，还不如说是件艺术品。而与之相比，桥本制作的椅子一看就是由正统的木工工匠规规矩矩打造出来的。这两位工匠此前各自创作，并无交集。然而几年前，两人开始合作启动 "小椅子"项目。

桥本告诉我们："当时，一家幼儿园委托我制作我之前从未涉猎过的儿童椅。当制作完成后坐上去一试，我突然发现视角不同了，眼前的世界也全变了，仿佛又回到了小时候。就这样，我领悟到大人坐在矮小的椅子上也别有一番乐趣，于是就琢磨着制作出一款大人和小孩子都可以使用的高质量座椅。"桥本找到了小沼与另外两名工匠，成立了一个四人组合。短短几年间，他们的作品展就开遍了全国各地。

小沼认定"自由发挥"是他制作作品的基础。在了解到将要制作的是一款大人和小孩都可以使用的椅子时，他认为这件作品有他自由发挥的空间，值得期待，于是便加入了小组。小沼原本是一位油画家，从大约十年前才开始尝试用木材或漆料制作作品，因此其制作风格与大多数自始至终在木工领域里工作的工匠完全不同。他的作品中往往包含着写意的雕刻元素，可谓是独具匠心。椅子原材料选用的是杉木间伐材，木材横断面的线条排列十分密集。将这种木材制成凳面后，凳面上也可以看

小沼制作的踏台套装。材质为杉木间伐材。大号踏台尺寸为25cm×31cm，高25cm。小号踏台高18cm。

工匠们围坐在小沼二女儿志英瑠身边喝茶

小沼和桥本的"小椅子"作品展示

到杉树旋涡状的年轮，给间伐材赋予这种形态的工匠可谓是前无古人。最近，小沼又设计并制作出了一款回旋椅。

桥本近期也推出了凳子新作。这款凳子的铁制凳腿出自"小椅子"项目组成员金工工匠柴崎智香之手。"用刨子打磨楢木时，我的心情十分愉悦。"此话不愧是从热爱木工行业的桥本口中说出。这款凳子凳面轻薄利落，与铁制细凳腿十分搭调。

两人的新作均不拘泥于传统的表现形式，而是凭借天马行空般的自由想象和感性制作而成的，可以称得上是高质量的"小椅子"作品。

八十原诚：

"微摇"凳

八十原诚坐在微摇凳上

久坐亦不觉疲惫的摇凳

八十原诚：1973年出生于日本京都府，毕业于佛教大学社会学院。此后进入守口职业技术学校学习木工专业，毕业后于树轮舍从事家具制作和铭树（盆景）售卖工作。2006年创建树轮舍京都分公司，开展家具定制及木材贩卖业务。

微摇凳的凳面有木、布、皮革等多种材质可选。凳腿为铁制。底座材料为楢木、胡桃木等。

"曾经有朋友一坐到这张凳子上就小声嘀咕了一句：'呀，这凳子还会晃呢！'也正是由于这张凳子可以轻微前后晃动，因而得名'微摇'。"

八十原诚在十年前制作出这款微摇凳，最初是为了自家使用。

"我当时是想制作出一款凳腿简易，能够在榻榻米上使用的凳子。如果想保护榻榻米不被凳腿损坏，就需要在凳腿下设置两根起保护作用的木条底座，我尝试着将底座设计成了可以带动凳身摇晃的弧线形结构。这种结构对于减轻凳子的承重负担也有一定帮助。"

为了缩小凳子所占空间，八十原诚缩短了弧形底座的长度。如果弧度太大，凳子又有翻倒的危险。因此最终的成品底座微微弯曲，晃动幅度也较为适中。

"坐在这张凳子上可以轻松保持自己喜欢的坐姿，即便是久坐也不会感到疲惫，电脑工作者可以一边工作一边摇晃自己的身体。这张凳子用途多样，可以用作踏台，或是坐在上面做针线活、画画等。"

坂田卓也：

摇凳

宽座面配可拆卸座底

坂田卓也：1977年出生于日本大阪府，毕业于京都市立艺术大学美术学院美术系雕刻专业。2002年开始在位于京都乌丸的家中开设工坊制作家具。2005年，工坊迁址至京都高雄的旧民宅中。

坂田在摇凳上盘腿而坐，前后摇晃。

坂田卓也出身于京都市立艺术大学雕刻专业，曾醉心于现代艺术作品创作。自从转型成为木工工匠后，坂田一直在运用他的灵活思维进行家具创作。

"一位客户希望我为他设计一款能够在榻榻米房间内使用的凳子。带有保护底座的凳子款式已经屡见不鲜，但一款可以摇晃的凳子就更有趣多了。可拆卸的底座，大大增强了这张凳子的可用性。"

坂田也有自己的招牌作品：那是一款广受好评、坐感舒适、流线型平缓，凳面呈宽敞椭圆形的凳子。而相比他的这款招牌作品，摇凳则更受欢迎。

"因为我希望使用者可以在凳子上盘腿而坐，所以如何拼装底座就成为一大难题，经过多次尝试，我好不容易找到一种制作帆船用的特殊绳子用来固定底座，它不仅结实，还不易被拉长。"

这款凳子在坂田自己工坊的和式房间里也有一张，坂田喜欢在工作之余小坐片刻，享受它所带来的舒适感。坐在凳子上前后摇晃的坂田，心情一定是十分愉悦。

摇凳。几乎所有购买者都是使用电脑工作者。凳面尺寸为39cm×50.5cm，凳高43~46cm。

使用特殊的帆船用绳子固定凳体与底座

和山忠吉：

"耐马儿"凳

以本地杉木为
原材料，深受
老年朋友喜爱

和山忠吉：1958年出生于日本岩手县。从
二户职业技术学校木工系毕业后进入平
野木工所实习所学习门窗隔扇制作。1979
年在第二十五届技能五环国际大赛上斩
获技能奖。1982年进入"第四家"木工所
工作。1982年自立门户，开设折爪木工。
2010年参加日本工艺展并荣获鼓励奖。

这款凳子略带弹性的凳面与使用者臀部
贴合度极佳，这是仅从其外观难以完全
感受到的。

"最早我开店主要是经营门窗隔扇业
务，因此之前做过很多格子门窗和木条
踏台，这张凳子的形状正是由之前的作
品中衍生出来的。"和山操着一口悦耳
的日本东北口音向我们娓娓道来。制
作出试验品后，和山不由得脱口而出：
"这凳子，肯定相当'耐马儿'了。"
所谓"耐马儿"，就是日本东北方言中
"坐"的意思。

杉木间伐材在木材厂中堆积如山

和山忠吉坐在"耐马儿"上休息

用手撑着凳面两边的扶手就可以轻松
站起来

"耐马儿"凳。凳高38cm,凳面宽53cm,纵深29.5cm,重量约2.3kg。

"七森"长凳。有125cm长和64cm长两种
规格。这款长凳得名于宫泽贤治童话中的
"七森山",曾在"森冈啄木·贤治青春
馆"展出。

"七森"长凳的底部

这张凳子也就因此得名"耐马儿"。自"耐马儿"1996年问世以来至今,和山已凭一己之力制作了3000多把。现如今,"耐马儿"凳已经成了和山的招牌主打商品。

"最初我设计这款凳子是供人洗澡时使用的。一位住在养老院的老人跟我说洗澡时用塑料凳太滑,希望我为他设计一款木凳。于是我用木条拼接成凳面,这样凳面既不会积水,又具有弹性。凳面向内凹陷,两侧带有扶手,在保证舒适的同时还可以方便使用者站立。原材料方面,我挑选的是耐水性强的青森丝柏木。"

由于凳面相对较高,因此有用户反馈称腰部和膝盖活动不便的老年人使用这张凳子也十分方便。之后,和山开始改用本地产杉木作为凳子的原料。

"之所以改了原料,一是因为我之前做门窗隔扇的时候就总用杉木,用顺手了;二是因为我工坊周围长满了杉树,轻轻松松就可以弄到杉木的间伐材。我现在基本上都是使用加工好的1寸2分(约36毫米)的方材。杉木材质较轻,用它做成的小凳子老年人也可以轻松搬动。"

拼接座板与横木

黏结时使用的是天然动物胶

"恰考耐马儿"凳。有21cm高、26cm高和31cm高三种规格。"恰考"在日本东北方言中是"小不点"的意思。

和山正在数杉树的年轮

木材加工厂的工作人员正在徒手剥掉杉木的树皮

加工好的1寸2分方形杉木条

和山在工坊附近的杉树林里散步　　　牟（nǎ）石神社的月夜见大杉树就长在和山工坊附近。树高30米，据推测，树龄约1300年。

初中毕业后，和山进入职业技术学校学习木工，走上了工匠的道路。他在日本全国技能五环大赛门窗隔扇制造项目中拔得头筹，后代表日本参加国际大赛。25岁自立门户后，和山除制作门窗隔扇之外，只要是客户提出了要求，不管是橱柜、讲堂的演说台、神社的匾额甚至面馆的外卖餐盒他都会去制作。

和山在30岁左右时结识了雕刻设计师福田繁雄，从此他的职业生涯迎来了转机。那时，从小学到大学毕业一直在岩手县生活的福田在县办的设计讲堂上作为主讲教师开设了设计课程。

"我从福田先生那里学到了'设计'的真谛，这也大大增加了我作品的深度。那时我刚开始做椅子，还有些摸不着头脑。因为门窗隔扇之类的东西从平面角度去设计就可以，但是制作椅子是要有3D思维能力的。"

和山在35岁左右开始在各项展览中展出他独具特色的木制品。时至今日，他的作品已经在日本各大工艺品展中多次入围并获奖。

"我的作品都具有独创性。自始至终，我制作的作品都是别人没做过的。特别是在椅子制作方面，我制作的椅子结构都较为轻巧，而且由于座高较矮，因此便于修缮，价格也比较低廉。如果有客户找我定做产品，那我一定会先和客户沟通好，直到谈拢为止。"一直以来，和山都是基于以上想法进行制作。他最近将"完美运用原材料才是最高的技术境界"这句话奉为自己的座右铭，这也是他在学徒期间师父常挂在嘴边的一句话。

"当然了，肯定是木材越好，做出来的作品就越好。但我认为在当今时代，仅使用产自本地山林的间伐材还依旧能够制作出有魅力的作品才是最了不起的。"

和山自诩为"本地万能木工"，只要客户有需求，不管是家具修理还是商品定做，他都可以在短时间内完成任务。他既是居住在日本东北山林地区的人可以随时寻求帮助的木工师傅，同时又是在全国比赛中屡获大奖的木工巨匠，可谓是拥有着双重身份。

组装式布面三腿"散步小凳子"

自己动手试试看之四:
户田直美教您制作
"散步小凳子"

如果您想要带着便当去离家不远的公园野餐,这款组装式"散步小凳子"就可以大派用场。这款凳子座面为布面,是将旧牛仔布料用缝纫机加工而成的。三条凳腿仅用绳子打结固定即可,无须制作卯榫拼接结构。由于这款凳子制作较为简单,希望您一定要自己动手试试看。本次制作的指导教师为"豆豆凳"的制作者户田直美(P28)。

所需材料:

水曲柳圆木棒(直径28毫米,长380毫米)三根

牛仔布料或厚度与之相当的帆布布料等。需要剪裁出边长为300毫米的正三角形布料两块,边长为70毫米的正三角形布料六块

缝纫厚布料用的缝纫机线(30支纱左右)

直径5厘米,长约1米的户外用细麻绳

制作工具:

制作布凳面所需工具:

缝纫机、针线盒、边长为300毫米的正三角形硬纸板两块,边长为70毫米的正三角形硬纸板六块、水性笔或圆珠笔。

制作凳腿所需工具:

电钻(钻头直径8毫米)、刨子、锯子、锤子、平凿、小刀、角尺和直尺、压板、铅笔、双面胶、砂纸(150号与240号)、涂料(Watco oil牌)、抹布、劳保手套。

制作方法（参照P166）

⬇ 制作布凳面

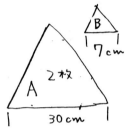

1 将已经裁好形状的硬纸板放置在牛仔布料上，用笔沿纸板边缘画线。需画出两个边长为300毫米的正三角形A，六个边长为70毫米的正三角形B。

2 用剪子将画好的三角形剪下。

3 将六块三角形B两两重合叠放分为三组，分别用缝纫机缝合；三角形A也重合叠放后缝合（均从距三角形边缘内侧8毫米处进行缝制）。注意缝合起点处与结尾处要使用倒钩针法。

这条线不要缝

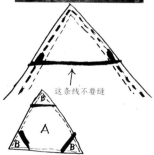

4 将小三角形叠放在大三角形的三个角处，用绷针固定好位置后沿之前的缝合线再用缝纫机缝合，要注意不需缝合小三角形的底边。由于缝合处要承重，因此需要缝合得足够结实。

5 用直尺测量出圆棒侧面上距离底面190毫米的位置（中线），再借助角尺在中线上找出圆棒横截面圆心（距圆棒侧面14毫米处）在圆棒侧面上的投影位置并做标记。三根圆棒均需做标记。

6 用直径8毫米的钻头在标记处钻孔贯穿。从正上方检查钻孔是否经过木棒的正中心。在进行钻孔工作前要在圆木棒底部垫上边角料以防磨损。

7 将铅笔头顶在圆棒底端，转动圆棒，在木棒的一侧底面上画圆。圆周距离底面边缘约3毫米。

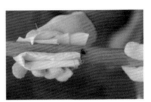

11 用砂纸打磨凳腿整体后涂漆（如果喜欢素色木材也可不涂漆）。

⬇ 组装布座面与凳腿

12 待凳腿油漆晾干后，把绳子穿过三条凳腿的钻孔。绳头处要用打火机烧一下，以防散开。

13 用绳子缠绕三条凳腿一周，然后打上8字结（打结方法参照第166页）。打结的位置不要与凳腿太近，以绳子与凳腿之间能够插入两个手指为宜，便于展开凳腿。

8 打磨凳腿的上半部分。用刨子从圆棒钻孔处向画有圆的底面进行打磨，直至打磨成上窄下宽的锥形。用压板固定圆棒，以边角料进行辅助操作起来会相对轻松，但是徒手作业也是未尝不可的。

户田说："先从底面开始打磨，打孔处留到最后处理。如果感觉刨子打磨时有卡顿的感觉，多半是因为打磨到了逆木纹路，换一个方向打磨即可。要不时沿底面进行观测，检查是否打磨均匀。"

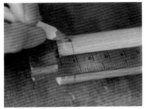

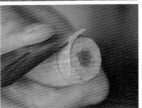

9 在凳腿截面上加工出倒角。在距离凳腿上下两截面10毫米处分别用铅笔画线，并在截面的中心点位置上粗略标记。像削铅笔一样用小刀把圆棒两头削成尖部圆滑的锥形。

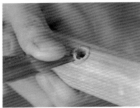

10 打磨钻孔。用小刀将钻孔直径扩大2毫米左右。切割时采用翻刀法。户田告诉我们："不要一味地使劲，一点一点来。"在圆柱铅笔周围用双面胶贴上砂纸，插入钻孔中来回旋转，将不平整的地方打磨光滑。如果不仔细将钻孔打磨平整，绳子穿入后容易被割断。

14 凳腿细头朝上，朝三个方向展开，分别插入布座面三个角的小口袋里。户田告诉我们："把身体重心放在手上紧压座面，确认其弯曲度是否合适，然后就可以坐下试试啦！"

"散步小凳子"制作完成！

这款小凳子不管是大人还是小朋友都可以使用。户田说："出门散步或野餐的时候，这张小凳子可以折叠起来轻松携带。为了方便把它拎在手里或者是挂在肩膀上，我增加了绳子的长度。"

制作要点：

布制座面的三个角要支撑凳腿，因此一定要缝合结实。

一、 座面三个角上两块布叠放的部位（要插入凳腿的三角形口袋）一定要仔细缝合结实。

二、 为延长绳子的使用寿命，要将凳腿钻孔内部以及周边打磨平滑。

三、 连接三条凳腿的8字绳结需要承受体重，因此要打得足够结实。就算已经把绳结打得足够结实了，依然不排除有松开的可能。只要多加练习，您一定可以掌握正确的打结方法。

注意事项：

如果布面和绳子略有磨损，一定要及时更换。体重较大的使用者要先慢慢适应再完全坐下，如果感到体重超出了凳子的承受范围，请务必不要勉强使用。

由不同布料制成的三角形椅面

第四章

儿童椅与大人也可使
用的小椅子

村上富朗：

小温莎椅

相较正常尺寸的座椅更需用心打造

村上富朗：1949年出生于日本长野县，196◻年开始接手自家的木匠工作，1975年赴美，此后数年在纽约的一个小作坊中制作家具。2003年，其作品于现代木工家具展中（展览于东京国立近代美术馆工艺馆举办）展出。

图左为扇形背小椅子。椅面高23cm，椅背横木高47cm。图右为梳形背温莎椅。椅面高41cm，椅背横木高108cm。

椅子原料为经涂漆处理过的胡桃木

椅座内侧

这款温莎椅是村上富朗亲手打造的代表作品，虽然它体形小巧，却具有极强的存在感。作为一款儿童椅，其结构十分厚重，设计风格也较为端庄。"这是一把老少皆宜的椅子，也很适合身材娇小的女性使用。这把椅子的制作过程并不轻松，虽然它尺寸较小，但制作时可不仅仅是缩小正常规格座椅的尺寸那么简单。由于制作流程与制作正常规格座椅时完全相同，因此卯榫拼接的过程也要耗费同等的时间。孩子们对待椅子可能会比较粗鲁，一定要保证足够的结实度，我也给这款椅子设计了较粗的椅脚。"

这把小温莎椅的椅背栏杆以椅座为起点呈扇形向外伸展，与横木相连，因此归属于扇背形类椅子的范畴。温莎椅最早出自农民之手，于17世纪后半叶起源于英国，后流入美国并被广泛使用。村上富朗正是日本温莎椅制作领域的绝对权威。迄今为止，他已独立完成近200把温莎椅的制作。"制作温莎椅时我会选用弯木，这样更加契合人体结构。温莎椅的外观可以给使用者带来感官上的刺激体验，让使用者感受到人的气息，即便是没人坐在上面，也可以隐约从它身上看到人的影子。它仿佛有头，有手臂，还有腿脚。"

村上富朗家中前三代均从事门窗隔扇制造工作，到他这里已经是第四代。大概在中学时期，他便开始接手家里的工作。中学毕业后，村上不仅从事门窗隔扇制作和木匠的工作，也开始兼做家具。机缘巧合之下，时年25岁的村上赴美，在纽约SOHO区开始从事家具定制工作，并积攒了丰富的经验。

村上在工坊中工作

樱木板材制成的小椅子

村上坐在自制的摇椅上在卧室里休息。吃过午饭后，村上将双脚搭在圆凳上看电视。

胡桃木制凳子。左侧凳面为椭圆形，右侧凳面为圆形。凳高均为42cm。

作为室内装饰亦十分美观的小温莎椅

坐在自制的靠背椅上喝茶

在工坊中

旅居美国期间，他在费城的木工展上邂逅了诞生于约两个世纪前的温莎椅，顿时深受打动，不由心生赞叹——"怎么会有这么漂亮的椅子！"于是他认真收集文献资料，回国后开始自己动手制作。在经历多次失败后，村上终于创作出了拥有他自己独特风格的椅子。

"椅子还是木头的好。我们会在不知不觉间用手去抚摸木材的质地，使用时，木质椅子能够带给我们的那种愉悦感以及其本身的韵味是其他材质的椅子所难以实现的。温莎椅正是这样一款完全用木头打造而成的椅子。制作温莎椅的过程中，我本着物尽其用的原则，混搭使用了多种木材。使用栖木作为曲木，使用核桃木制作椅脚。"

作为一名木工工匠，已年过花甲的村上依然怀有想要达成的目标，他的进取心还和年轻时一样，丝毫未减。

"我的目标是追求极致的木质椅子。迄今为止我一直重视的是椅子的坐感，今后我也想去制作外形更加美观，能够让人赏心悦目的椅子。"

什么样的椅子在村上眼中才算得上极致呢？希望我们能有机会早日体验到这种椅子的坐感。

甲虫椅

山田英和：
甲虫椅

山田先生的长子凛太郎

体态圆润，
造型喜人，
结实耐用

山田英和：1976年出生于日本埼玉县。高中毕业后进入森林木工学校，1998年拜木工工匠古进一郎为师学艺，2000年入职桧木工艺公司。2002年自立门户，于长野县佐久市开设小屋木工。2007年工坊迁至千叶县野田市。

这把椅子是山田英和受一位熟识的老婆婆委托而制作的。

"她的宝贝孙子出生了,想要做把体态圆润、造型喜人的椅子留给他用。"

在认真听取委托人的要求后,山田开始着手制作。

"我一边大致试作,一边请委托人过目,最终完成了这款作品。制作过程中,我还参考了瓦格纳侍从椅(The Valet Chair)的制作风格。"

可以看出,成品椅子的椅背横梁呈柔和的流线型结构,这成为作品的一大优势特色。同时,作品也带有侍从椅的风格,正如山田所说:"这款椅子的椅背十分顺滑。"此外,它的结构还十分坚固。山田认为:"制作儿童椅首先需要考虑结实度。普通的椅子只要能够作为坐具使用就可以了,但是儿童椅则不同,孩子们会如何对待椅子是无法预知的。所以首先要保证椅子不会在使用过程中损坏,因此制作过程会更

山田英和所制作的凳子。左起，座高38cm（栗木）、座高40cm（凳面为核桃木，凳腿为栗木）、座高53cm（水曲柳）、座高56cm（凳面为榉木，凳腿为蒙古栎）。

使用鸟刨加工栗木椅背

"甲虫椅"。座高19cm。椅座尺寸30cm×26cm。椅脚最大直径为4cm。椅座略向内凹陷。

"儿童椅"。座高23cm。椅座尺寸33cm×29.5cm。

耗时间。"据山田表示，这把椅子"基本没有借助机械加工，而是使用鸟刨等手工工具制作成型的"。

这把椅子被命名为"甲虫椅"。一位来自吉卜力工作室的保育园负责人在选购儿童椅时，被山田的主页上的甲虫椅照片吸引。他在下单的时候留言称："我想要订购那款外形像甲虫触角的椅子。"甲虫椅因此得名。

"我认为一把成功的椅子一定不能太重。凳子也是轻便又结实的最好。我喜欢使用栗木，经常用它制作出轻巧的作品。我希望椅子的整体设计足够简洁，同时无论在视觉上还是触感上都应该是柔和的，不会给人以生硬的感觉。"

山田英和的父亲是木材商，因此山田从儿时开始就不乏与木材接触的机会。而如今，山田有时也会和自己的长子凛太郎一起用木材做游戏。

"他从出生开始就能接触到木材，这也许会让他获得一种感性认知，从而受用终身。因此，我希望他从小就开始使用木制品。"山田向我们娓娓讲述了自己的亲身体验以及儿子的成长历程。

平山真喜子&平山和彦：

"春日小凳"

坐在X形椅脚凳子上的阳飞

一组零件，
两种拼装方式

平山真喜子：1980年出生于日本京都。毕业于滋贺县立大学人文科学院生活文化系。曾就职于住宅翻修公司，后辞职进入京都职业技术学校建筑科学习。毕业后进入设计事务所工作，后成为独立设计师。

平山和彦：1980年出生于日本爱知县。毕业于滋贺县立大学人文科学院生活文化系。在上松技术专门学校木工科完成学业后，任职于京都的木工事务所。

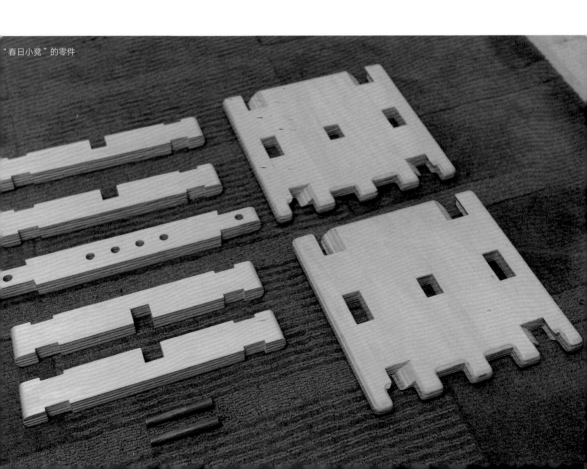

"春日小凳"的零件

平山夫妇和外甥阳飞一起组装"春日小凳"

组装X形椅脚凳子

组装"鸟居"牌坊形小凳

"春日小凳"（鸟居形）组装完成

"春日小凳"可以组装为两种形态。其中一种形态的凳腿为 X 形，带小靠背；另外一种则无靠背，呈"鸟居"牌坊的形状。这款凳子由平山真喜子女士设计，其丈夫平山和彦制作，并以他们的外甥阳飞的名字命名，在第六次生活中的椅子展（2008年《朝日新闻》主办）中获得"儿童用椅"部门奖。

"当我看到儿童用椅这一主题的时候，就想要制作出一款好用又好玩的凳子，让孩子们能够用得开心。这时一个创意突然闪过我的脑海：有没有可能设计出一款能够把零部件像堆积木一样拼装起来的凳子？"真喜子立即与丈夫和彦展开讨论，探究有没有可能用同一组部件，拼装出高度和形状都不同的两种凳子。

和彦先生告诉我们："仅仅画出草图讨论可行性没什么难的，但是根据设想制作出结构正确的成品就不容易了。不仅外形要简单，拼装而成的两种凳子还都要结实才行。"因为考虑到想要作为孩子们的游戏道具使用，不仅做工上要扎实，在安全性方面也马虎不得。样品制成后，和彦惊喜地发现其结构让人十分满意。考虑到主要适用对象为儿童，凳子使用了重量轻盈且

大人也可以使用

"鸟居"牌坊形凳子

质地柔软的椴木胶合板。

真喜子作为凳子的设计师，也不仅是画出了大致草图而已。"为了使凳子没有冗余部分，我在零部件的形状调整上也花费了很多心思。无论采用两种形态中的哪一种，都不会存在多余的部件。同时我也没有放宽对凳子的外形要求，凳子的外形一定要美观。"

2岁的小阳飞正在像堆积木一样玩着"春日小凳"的零部件。"他好像发现了凳子可以变换形态这一秘密，一会儿把凳子当作电车，一会儿又假装开车，有时又会骑跨在凳子上，把凳子当作木马，发明出了很多种设计师都没有想到的玩耍方式。" 可以说，这张小凳子真正完美实现了真喜子最初的设想。

前排左起，"takku""讨巧凳（L码）""小乐凳""讨巧凳（M码）"。后排左起，"wa-sanbon21"（上述均为小泉诚设计）、"鞍马椅"（村泽一晃设计）。

kiki桌子工坊：

"takku"椅

堀江心菜（kiki员工堀江佳代次女）坐在"takku"椅上。照片摄于她3岁生日当天。

体态圆润、质地光滑的五脚儿童椅

木村健治：1958年出生于日本德岛县。大学毕业后进入家族产业木村地板店工作。1990年，公司更名为木村有限公司，木村健治担任社长。1997年，公司以kiki工坊的名义在见本市参展。2008年，公司更名为kiki桌子工坊，木村健治出任董事长一职。

"takku椅"和"takku长椅"

"小乐凳"的凳面很宽敞，可以手撑凳子两侧站立起来。

"讨巧凳"。座高分为68cm（LL码）、55cm（L码）、43cm（M码）三种。所用木材仅水曲柳、栃木、椴木等常见木材就有十几种。

kiki桌子工坊的店铺内部

"小乐凳"的凳面很宽，可以手撑凳子两侧站立起来。

木村先生坐在"讨巧凳"上

有一位客户提交订单，希望在儿子过周岁的时候给儿子买一把儿童椅作为生日礼物。木村健治应他要求设计制作出了五脚儿童椅"takku"。

"小孩子坐在椅子上很可能会扭来扭去，因此椅子必须稳固才行。于是我在这款儿童椅外侧设置了多根笔直的椅脚。1岁的孩子可以抓着椅子站立起来，也可以绕着椅子练习走路。椅背圆润且质地光滑，围着椅子转圈时就算碰到椅子也不会疼。最终客户也对这款作品表示满意。"

kiki桌子工坊董事长木村健治十分注重作品的最后润饰工序。考虑到椅子将供1岁孩子日常使用，在最终一道工序中，他要求工匠将栃木精心打磨光滑。这款椅子目前已经成了公司的常规销售品。

如今，kiki桌子工坊生产制造的凳子种类繁多。其中包括"讨巧凳""小乐凳"和小泉诚设计的"wa-sanbon"以及村泽一晃设计的"鞍马椅"等。工坊擅长将设计相同的椅子以不同木材做成多个版本。所使用的木材包括胡桃木、水曲柳、椴木、樱木、连香树木、银杏木、枫木、神代榆木……为什么会使用到这么多不同种类的木材呢？从公司的名称中也许可以找到答案。公司最早的业务是以一张张的木板做面板，加工成餐桌或者书桌。在使用各种木材制作桌子时会剩下很多边角料，有的尺寸可达50厘米，这些边角料在加工厂外堆积如山。

"设计师村泽先生第一次来加工现场的时候，对我们这里有75毫米厚的边角料表示十分惊讶。从那时起我们就开始利用这些边角料制作小凳子或者是钟表等小物件。"

从近几年开始，公司开始与设计师合作，开设工坊并开发新商品。设计师过人的设计实力与kiki所能提供的丰富原材料以及加工技术相结合，将向人们呈现出更多美观且舒适的凳子作品。

菊地圣：

三面儿童椅

三种座高，
一把儿童椅从小用到大

菊地圣：1965年出生于日本北海道。毕业于日本大学艺术系戏剧专业。曾任职于广告制作公司，后进入匠工艺公司工作。1995年于北海道东神乐町自立门户，开设"GOOD DOGWOOD"家具工坊。

三面儿童椅。于"2001年日本山毛榉节"山毛榉家具大赛中获得鼓励奖。获奖作品原料为山毛榉木。照片中三张凳子的材质从左到右分别是橘木、核桃木和黄檗木。

可以在小椅子上放置室内装饰品

小弦把小椅子当作自行车骑

通过双重卯榫结构拼接固定木材，使椅子更结实。

菊地父子坐在三面儿童椅上享受天伦之乐

很多客户说："这椅子当作踏台也十分好用。"

这把小椅子座高17厘米，结构坚固。只需翻转放置，它就会变成座高22厘米的椅子。再翻转半圈，让椅背朝上，它就又会变成座高34厘米的小凳子。

"我想做一把除了在幼儿期之外，在其他成长阶段也可以一直使用下去的椅子。同时我还希望大人也可以把它当凳子使用。这把椅子很结实，就算用作踏台也没问题。"

菊地最初创作出这把三面儿童椅的时候，他的长子小弦还没出生。

在接到客户关于制作儿童椅的订单时，菊地对小孩子还没有什么了解，对于椅子该做多高才算合适也没有概念。后来他想到了一个好办法，那就是制作出一把即便孩子个子长高，甚至就算变成大人以后还可以一直使用下去的小椅子。

其实，菊地一直以来都有制作出这样一把椅子的想法。

"我希望制作出可供长期使用的作品，经得起几十年甚至数百年的考验。"

菊地从开设工坊以来一直本着这一原则进行制作。他的代表作之一"瓦格纳宝宝"既可以作为与书桌配套的儿童椅，也可以作为餐桌旁的小餐车使用。这也是一种"孩子长大后还能继续使用"的家具。

"在小弦出生后我终于明白，孩子在使用椅子时会迸发出很多令人意想不到的创意。小弦会把这把三面儿童椅当作玩具，假装自己在开车或是坐在电车里。"在菊地先生说这番话的同时，小弦就骑坐在这把椅子上，像蹬自行车一样用力地蹬起了小腿。

岸本幸雄（动物园工坊）：

"野生动物"主题儿童椅
与带尾巴的凳子

不写实，不走形，
以动物造型为范本，
简约而不简单

岸本坐在"尾巴椅"上

岸本幸雄：1966年出生于日本北海道。毕业于东海大学教养学院艺术系。曾任职于景观设计工程公司。后于北海道东海大学攻读研究生，学习椅子设计制作。2004年自立门户，开设动物园工坊。岸本曾获第四届生活中的木椅展优秀奖。2006年开始于札幌的艺术之森·木工工坊担任技术顾问。

"野生动物"系列的"狮子椅"和"木驯鹿椅"。岸本先生的长女小花和次女小桃正分别坐在上面玩耍。

座高较矮的"尾巴椅"。适合放置在玄关处用于换鞋。

动物园工坊位于札幌圆山动物园的附近，因而得名。岸本的住宅也正位于此地。

"在制作家具的过程中，动物们带给了我灵感。椅子和桌子通常都是有四条腿。在这一点上是和动物相通的，所以设计时可以参考动物形象。"

岸本在设计时十分注意对度的把控，不会过分拘泥于写实。

"我不想让作品太过引人注目，而是希望它能够成为所处空间中的一个要素，与周围环境相融合。即便它不显眼，我还是希望人们看到它时会觉得有趣。"

岸本先生制作过多款以动物造型为原型的椅子。他认为每一种活着的动物都有各自的性格特点，如何将这种特点用具体形象展现出来是制作的关键。

"其实我本人更加偏爱直角和直线，希望利用线条之间的结合进行设计。但关键问题在于，如何在将动物的形态简化的同时，还能保证

胡桃木制"尾巴椅"。座高45.5cm。椅座为25.5cm×15.5cm，厚5cm。尾巴为染编工匠用毛线织成。

使用者能够看出来到底作品代表的是什么动物。从这一点来说，掌握好分寸难度较大。为此，我保留了每种动物最显著的特征，比如狮子的鬃毛，我画了好多次才成功。既不能太写实，也不能过于走形。当然，因为制作的是椅子，也要考虑它的稳定性和安全性。"

大学毕业后直到35岁之前，岸本都在一家景观设计工程公司担任设计师。当时正是日本泡沫经济时期，岸本多次参与站前广场纪念雕塑和景观装置的制作。正因为这种职业背景，他更加擅长设计制作简化变形处理的家具作品。

不仅可以坐，而且可以当室内装饰品使用的"尾巴椅"。照片中的"尾巴椅"为水曲柳制。

"尾巴椅"的小尾巴很像日本的雪洞灯①。它虽以长颈鹿为原型，但并没有长长的脖子。岸本先生向我们解释："原本是把椅背做成了长颈鹿脖子的形状，但是考虑到椅子整体的平衡，最后舍弃掉了。"这很符合岸本的设计风格。人坐在上面，整体上看起来就像一只长颈鹿，虽然会变成一只"六脚兽"……

---

① 日本祭祀时所使用的纸糊的、圆形灯罩的小行灯。

木工工匠手制：
儿童椅合集

八十原诚的"ciccha"椅
可盘腿坐时使用。椅子的布艺部由"村上椅子"（京都）负责设计制作。
椅腿使用桦木制成。椅座尺寸29cm×23cm，座高16cm。

桥本裕的樱桃木小椅子
为孩子们在洗漱台洗手时所设计。椅座尺寸
24cm×34cm，背高45cm，座高24cm。

山极博史的"儿童摇椅"
使用桦木合板制作。椅座尺寸为40cm×48cm，椅背高40cm，座高24cm。

谷进一郎为女儿制作的儿童椅
左图是谷进一郎二十几年前制作的椅子。这把椅子深受他女儿的喜爱。原料为榉木，采用拭漆工艺。椅座尺寸为28cm×25cm，厚4cm。座高10cm。下图最右的小椅子出自居住在非洲科特迪瓦及法属圭亚那周边的盖雷族之手。

山极博史的"小nene"凳和"千子"椅
原料均为榉木。"小nene"凳凳面尺寸30cm×22cm，座高27cm，亦可供大人使用。"千子"椅的小椅背曲线平滑，椅座尺寸30cm×27.5cm，椅背高42cm，座高23cm。

自己动手试试看之五：
岸本幸雄教您制作小朋友们最喜欢的木马摇椅

佐藤由香里想为自己4岁和1岁的两个儿子制作出一个木马摇椅。在"札幌艺术之森"的技术顾问岸本幸雄（P128）的指导下，她完成了自己心心念念的作品。下面就让我们一起学习这款木马摇椅的制作方法吧！

木马摇椅（长73.5cm×宽22cm×高53.5cm）

制作工具（从上到下，从左到右）：

线锯切割机、电钻（10mm钻头、7.5mm钻头、3.5mm钻头）、电动打磨机、切边机、锯子、锤子、冲子、凿子、方形水平角尺、曲尺、压板、夹具、台钳、尺子、铅笔、橡皮、竹棒、木工胶水、水性涂料（初次上漆用）、刷子、抹布、容器、压铁、砂纸（120号、240号、400号）。

所需材料：
白桦木合板
（侧板·支架用）
520mm×540mm×15mm尺寸两块
底座用
220mm×735mm×15mm尺寸1块
木棍（直径8mm，长300mm）1根
细螺丝钉（3.3mm×30mm）8根
细螺丝钉（3.3mm×25mm）8根
棉绳（长600mm）1根

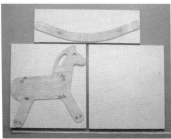

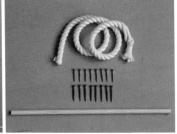

制作方法（参照P167）

⬇ 制作侧板和底板

1 在木板上画出木马的轮廓（照片中借助的是木马形状的模板进行描摹）。将第167页的图纸放大后做成图样，即可直接放置于木板上进行描摹。确保螺丝孔的位置也准确地画出来。

2 用线锯切割机沿铅笔线切割出马的轮廓。此过程中需垂直放置锯线，缓慢移动木板。

3 挖通木马的把手和眼睛。先用锤子锤击冲子，在铅笔线内侧击出凿痕，再用电钻将凿痕处打孔贯穿，使线锯切割机的锯刃插入穿孔，沿内侧画线位置切割。

4 使用线锯切割机切割出木马底座。底座前后的线条有细微差别，请做好标记，以便分别。

5 使用台钳固定木马侧板，用电动打磨机和砂纸（120号）进行打磨。

6 在螺丝孔处用冲子钻出小坑，再使用直径3.5毫米的钻头打孔贯穿。

7 为了在螺丝孔内插入圆棒（遮住拧好的螺丝钉），需要使用7.5毫米钻头将螺丝孔扩大，钻至5毫米深即可。

⬇ 制作侧板和底板

8 在制作木马轮廓后剩下的木板上按照第167页的指示画线，使用线锯切割机切割出四张木板。

9 将框架上部的木板打孔贯穿。操作技巧与贯穿把手相同，将锯刃穿过木板切割，再将切口处用砂纸打磨光滑。

10 在绳子（木马尾巴）要穿过的位置上打孔。在正方形木板的中心（两个对角线的交点）使用10毫米钻头打孔贯穿。

到此为止的制作品。

11 组装框架。为了增加框架的强度，要将框架上下两端长方形木板的两边各削去一部分（宽15毫米，深5毫米）。切削方式有很多种，本次采用切边机切割的方法。先用压板固定住要切割的板材，缓缓移动切边机从板材外侧开始切割。切割完毕后先用凿子凿掉切口多余部分，再用砂纸打磨光滑。

12 试拼接框架以检查完成品的形态（特别注意安装尾巴的小孔位置），然后在接合面涂上木工胶水进行黏结。

13 用方形水平角尺检查木板之间是否为直角。使用压板和夹具固定，放置一晚，待胶水晾干。

14 胶水晾干后移除压板和夹具，框架制作完成。

⬇ 拼接组装各部分材料

15 将侧板和底板的螺丝孔对齐，拧上螺丝钉。在底座板上画出木马脚的轮廓线。底座板要放在侧板的外侧，注意不要放错了。

16 在底座板轮廓线内涂抹胶水，将木马脚和底座板黏合。然后用细螺丝钉（25毫米规格）固定。

18 进行试拼接，确认位置无误后，涂抹胶水黏结框架与侧板。检查框架与侧板是否垂直，然后用压铁压住，待胶水晾干。

19 晾干一段时间后，将侧板和框架用细螺丝钉（30毫米规格）固定。用木棒填充螺丝孔，切掉多余部分，磨平表面。

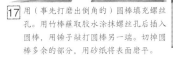

17 用（事先打磨出倒角的）圆棒填充螺丝孔。用竹棒蘸取胶水涂抹螺丝孔后插入圆棒，用锤子敲打圆棒另一端。切掉圆棒多余的部分，用砂纸将表面磨平。

20 另一面也采取同样制作方法。涂抹胶水→拼接→确认垂直→晾干→用螺丝钉固定→用木棒填埋。木马制作完成，佐藤小姐不禁笑容满面。

21 用刷子涂抹涂料，方向为由下向上。

22 等待涂料晾干，系上尾巴即可。

木马摇椅制作完成！

佐藤小姐的制作感言：

打磨板材时脑海中都是孩子们玩耍的身影。

在制作木马时，孩子们坐在上面愉快玩耍的场景一直浮现在我的脑海中。我希望这个木马可以让孩子们满意，并且能够一直使用下去。

Q：制作难点有哪些？

A：使用线锯切割机切割木板的工序比较难操作。因为木板体积大并且十分沉重，移动起来有些困难。如果不切割精确的话会影响到接下来的步骤，所以我总是提心吊胆。开始组装后因为能够看出完成品的样子了，就变得轻松起来。因为是孩子们使用的家具，所以把手等和身体直接接触的部位我会更加精心打磨。

Q：有什么建议可以给读者吗？

A：即便是初学者，只要细心一点，肯花时间，制作起来就不那么困难了。如果制作者在制作过程中是一种享受的状态，使用者在使用过程中也一定会觉得很享受。技术固然重要，制作时的心情也很重要。孩子们可以愉快地坐在木马上玩耍，我的心愿就算是达成了。

木马制作完成，和父亲一起来到制作现场的长子飒太兴奋不已，已经是跃跃欲试的飒太大声说道："我想赶快骑上去！"他欢天喜地地骑上木马，一边摇晃，一边大呼："好玩！"这与他母亲当初脑海中浮现的场景完全相同。

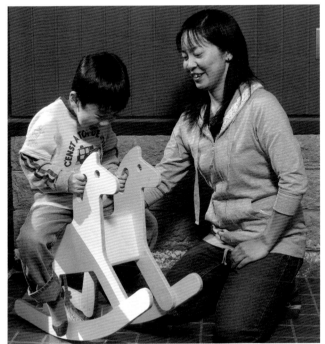

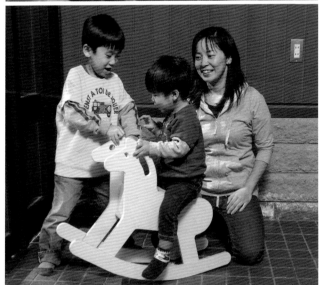

佐藤小姐陪同长子飒太、次子优弥骑在做好的木马上玩耍。

反复确认木板和螺丝的位置

一、因为要使用线锯进行制作，如果用大力猛然推动木板的话，锯线会折断，因此推动木板时不要用力过猛，而是要用适当的力量缓慢操作。每次线锯切割好多少，就向前推动多少。

二、因为这款木马要供人骑坐，因此需要增加椅子的稳定性，连接部要用胶水黏紧，螺丝也要拧牢固。

三、侧板和底板粘贴部分要分清内外前后。每次将螺丝拧进木板之前都要确认方向无误。为防止混淆，可以在木板上做记号或者写上字（例如写上左外）。

四、木马底座并不全都是曲线，其前端为直线形，可以起到刹车的作用。这一点请您在画图纸的时候略加留心。

第五章

焕然新生：
凳子与椅子的维修改造

武田聪史：
做旧儿童椅

变废为宝，保留本色

武田聪史：1982年出生于日本兵库县。成长于千叶县九十九里町。2002年进入千叶市nitocrafts工坊工作。从事店铺室内装潢设计，家居、日常用具、门窗隔扇以及玩具等物的制作。

作为一种装饰品，亦可与室内空间完美契合。

武田把椅子拿到室外，坐在上面眺望山林。

原有的前横木已经折断，因此用新木材代替。

这把小椅子拥有着一种难以言喻的惊人气质。

"这把椅子何时被制成无从得知，也不知道它都在什么地方被使用过。也许它几经辗转，曾换过多个主人吧。"

武田聪史就职于主营室内装潢设计施工的"nitocrafts"工坊，负责家具和日常用具的制作。这把椅子曾在装修中的东京下北泽西装店门口经历过风吹雨淋。nitocrafts的代表宇井孝将其带回公司，委托武田把它稍微修理一下。

合板制成的座面板已经腐烂，前横木也已经折断。椅背正中间的背板已经不知去向，只剩下两个卯眼。

"这张凳子已经摇摇晃晃的了。应该拿它怎么办呢？我最终决定还是先把它拆解。我把椅脚和座板都卸了下来，拆了个七零八落，然后将能继续使用的和不能继续使用的部件区分开来，想着尽量在保留原部件的基础上进行修复。"

武田遵循不破坏椅子原有独特气质

武田望着做旧儿童椅，满眼怜爱之意。

的原则，在保证椅子结实度的前提下开始了修复作业。

"我最终决定通过椅座来表现椅子的整体形象，于是花费大量的时间挑选出了三块座板。"

武田从工作现场挑选出了几根旧木材和废料，决定将其作为原料使用。其中部分木板还带有较大的木结，但十分看重椅子韵味的武田还是将其大胆地用作椅子零部件的原料。虽然椅子未经上色处理，但不同木材之间的风格却十分搭调。

为了使这把小椅子也能为大人所用，武田又在椅子中新加了两根倾斜的横木，同时让生锈的钉子也派上了用场。"这把椅子现在就放在公司里，感觉好像是它已经在这里摆放了很久似的，与周围环境完美融合，没有任何突兀感。"

在武田眼中，在保证结实度的基础上，能够与周围环境完美融合的椅子才称得上理想。这款做旧儿童椅也许正是武田心目中一把理想的椅子。

Y背椅框架。其座面由纸绳编织而成。

桧皮奉庸：

椅子店主的编织

Y背椅椅座

桧皮奉庸：1976年出生于日本兵库县。曾于宇和岛高等职业技术学校学习木工。桧皮1999年进入樱制作公司，主要负责中岛·乔治椅的制作。在樱制作公司工作了5年半，桧皮又赴神户学习椅子制作，2005年进入位于飞弹高山的木谷公司，负责北欧家具椅子等制作工作。2007年自立门户，开设桧皮椅子店。

1 用钉枪把纸绳的一端固定在凳子框架上，编织工作正式开始。

2 将纸绳从椅子框架前侧向内缠绕（桧皮是左撇子）。

3 用纸绳编织框架的边角部。

使劲拽，转一圈，再拽，时不时向内靠拢一些，再拽一次……

桧皮在以一种可以令他心情愉悦的节奏编织着椅座。有10多把长年在某处使用的Y背椅椅座在等着桧皮编织替换。汉斯·瓦格纳设计的这款Y背椅远近驰名，颇受好评，在日本人气极高。

"椅座的替换工作必须手工完成。Y背椅椅座的编织工序就算全力以赴也要3天左右才能完成。在编织过程中，需要使纸绳与椅子框架保持垂直，且纸绳之间不能有缝隙。"

被大家称为"椅子店老板"的桧皮不仅自己可以创作风格独特的作品，也会为使用了几十年的椅子提供维修或替换座面的业务，涉猎广泛。桧皮曾经在拥有北欧家具生产执照的家具厂商负责过芬·尤尔等名家椅子作品的维修工作，积攒了丰富的工作经验，并沿用至今。

"有时打眼一看，送来的椅子中有许多只不过是普通的旧椅子，而对于请求我修理的那些人来说，那些椅子却是寄托着他们念想的珍宝。因此我在维修椅子的时候，会充分考虑到他们那种难能可贵的心情。"

座面只需换新即可。木制部分也仅需用新材料加固，再重新涂上漆就算修理完毕。"只要交给椅子店，保证可以让椅子重获新生，再次为人所用。"桧皮的语气强而有力。

4 桧皮告诉我们："重点在于要尽可能使纸绳与框架垂直。"

5 桧皮使用的是丹麦产的纸绳，防渗水性较弱，捻性强。

6 将纸绳使劲缠绕在框架上。

7 缠绕于椅子框架前后角部的纸绳要与前侧框架垂直。

8 用锥子仔细戳压，纸绳一定要缠绕得够紧，以避免中间产生缝隙。

9 如图所示，逐步编织。

10 最后将纸绳与椅座底面固定。

Y背椅椅座编织完成！

八十原诚：

让嘎吱作响、遍体鳞伤的旧凳子焕然新生

有人认为这张凳子诞生于70多年以前，它圆形的凳面下有四条凳腿，造型简朴，然而经过多年的使用，却也别有一番风情。在木工工匠八十原诚手中，这张遍体鳞伤的凳子重获新生。

陈旧不堪而又遍体鳞伤的凳子。

1. 将凳子拆解

将固定凳腿与横木接合处的钉子起下，把凳腿从凳面上取下。八十原诚告诉我们："不管修理什么，最难的就是起钉子。"

2. 分别修理各个零部件

（1）横木

榫头已经破烂不堪，因此要在其周边包裹一圈刨屑，并用胶水黏合。将榫头用胶布缠好，直至胶水干透。

横木十字交叉的部分已经产生了缝隙，为将其加固，需在交叉面黏结薄木板。首先要确定嵌贴使用薄木板的尺寸。

薄木板黏好后拼接横木。

（2）凳座

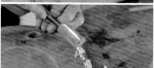

在凳座周围损坏处用胶水黏上木块，晾干后用刨子与凿子切削调整，最后用砂纸整体打磨。

（3）凳腿

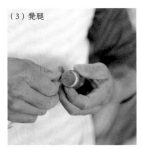

在已经磨损变细的凳腿上部涂上胶水，四周黏结刨屑，使榫头变粗。

3. 组装

在凳腿的卯眼中涂胶水，将其与横木黏合。

在凳座的卯眼与凳腿榫头上涂胶水，将凳座与凳腿黏合。

用夹紧工具与压板固定住凳子，等待胶水晾干。

胶水晾干后将凳子从夹具上取下，调整凳腿长短。

4. 涂漆

先在新添加的加固木料上涂抹水性着色剂，再用胡桃色油漆涂抹凳子整体，用布擦拭。

修理工作完成！

修理工作完成后，八十原诚有话说：

在修理凳子的时候，我十分在意应该给凳子赋予怎样的气质。其实完全把它还原成闪闪发光的新品也是可以的。但这一次我是希望能够保留这把椅子古色古香的气质，营造一种开裂感。

每次我修理旧凳子的时候都有新收获。比如凳子哪里容易磨损，制作作品时工匠使用了怎样的技术手法等。同时我也要充分满足客户的需求。我希望能让这张曾经深受老奶奶喜爱的旧凳子重新派上用场。

相关信息和设计图

本章将为您带来前文提及的木工工匠们的联系方式、木工相关专业术语讲解、制作工具介绍以及"自己动手试试看"环节中的作品设计图等内容，供您参考。

本书中提及木工工匠的联系方式

"*"表示本书第156页中收录了可以购买到该工匠作品的家具门店。木工工匠的作品一般不会在门店长期售卖。如果您想购买木工工匠的作品，多数情况下可能需要向工匠直接订购，或是参加美术馆、百货公司开办的展销会，在展销会上购买。如果您心仪作品的销售门店在本书中未能收录，您也可以浏览工匠的网站，直接向其本人咨询购买。

以下为2018年1月至今的最新数据。

狐崎优子
邮编：399-3704
地址：长野县上伊那郡饭岛町本乡92-3
联系电话：0265-86-5181
邮箱：hng@to.707.to

NPO法人 绿林木工协会（代表：小野敦）
邮编：501-3701
地址：岐阜县美浓市2973番地1
联系电话：090-4793-9508（小野敦）
网址：http://www.greenwoodwork.jp

小沼智靖（小沼设计工作室）
网址：http://tomoyasukonuma.com

坂田卓也（坂田卓也制作工坊）
邮编：612-8082
地址：京都市伏见区冈替町15丁目138
联系电话：075-203-8693
网址：http://sakatatakuya.com

杉村彻
邮编：301-0816
地址：茨城县龙崎市大德町3836-2
网址：http://www.sugimuratoru.com
*4、5、7

高桥三太郎（家具工坊SANTARO）
邮编：063-0011
地址：札幌市西区小别泽50-1
联系电话：011-667-1941
网址：http://santaroworks.net
*11

武田聪史（nitocrafts）
邮编：265-0051
地址：千叶市若叶区中野町574-6
联系电话：043-228-0229
网址：http://www.nitocrafts-210.com

秋友政宗（llama factory）
邮编：551-0011
地址：大阪市大正区小林东3-12-9
联系电话：090-8483-0761
网址：http://llamafactory.jp

安藤和夫
邮编：250-0214
地址：神奈川县小田原市永塚256
联系电话：0465-42-3999
网址：http://www.ando-kobo.jp

井崎正治（盐津村工坊）
邮编：443-0046
地址：爱知县蒲郡市竹谷町东作间35-1
联系电话：0533-67-3759

井藤昌志（LABORATORIO）
邮编：390-0874
地址：长野县松本市大手1-3-29
联系电话：0263-36-8217
网址：http://laboratorio.jp

川端健夫
邮编：520-3305
地址：滋贺县甲贺市甲南町野川835
联系电话：0748-86-1552
网址：http://mammamima-project.jp

菊地圣（家具工坊 GOOD DOGWOOD）
邮编：071-0382
地址：北海道上川郡东神乐町志比内101
联系电话：0166-96-2218
网址：http://good-dogwood.sakura.ne.jp
*1、11

岸本幸雄（Zoo factory）
邮编：064-0944
地址：札幌市中央区圆山西町8-4-16
联系电话：090-6990-1844
网址：http://zoofactor.jimbo.com

宫地镇雄（宫地工坊）
邮编：071-1402
地址：北海道上川郡东川町西2号北10
联系电话：0166-82-2167
网址：http://www13.plala.or.jp/kouboumiyaji/
*1

村上富朗（村上木工）

森明宏（森工坊）
邮编：503-2423
地址：岐阜县揖斐郡池田町青柳134-4
电话：090-9186-2211
网址http://morikobo.a.la9.jp

八十原诚（树轮舍京都）
邮编：601-0262
地址：京都市右京区京北细野町中野里19-1
电话：075-852-0178
网址：http://jurinsha-kyoto.com

山极博史（打盹展馆）
邮编：540-0029
地址：大阪市中央区本町桥5-2
电话：06-6946-0661
邮箱：utatane7@dream.com
网址：http://www.utatane-furniture.com
*10

山田英和（小屋木工）
邮编：270-0222
地址：千叶县野田市木间濑6060-1
电话：04-7198-2758
邮箱：info@koyamokkoh.com
网址：http://www.koyamokkoh.com

山元博基
邮箱：gen-chan@giga.ocn.ne.jp

山本有三（UcB工作室）
邮编：630-2165
地址：奈良市长谷町1263
电话：0742-81-1080

和山忠吉（折爪木工）
邮编：020-0581
地址：岩手县岩手郡雫石町御明神赤渊74-12
电话：019-692-6220
网址：http://www.chukichi.jp
*2、3

谷进一郎（谷工坊、KUKU工坊）
邮编：384-0021
地址：长野县小诸市天池4741
电话：0267-22-1884
网址：http://www.tani-ww.com（谷工坊）
http://www.studio-kuku.com（KUKU工坊）

kiki桌子工坊（代表：木村健治）
邮编：771-0206
地址：德岛县板野郡北岛町高房百堤外35-1
电话：088-683-2010
网址：http://www.t-kiki.co.jp
*11、12

户田直美（potitek）
邮编：605-0981
地址：京都市东山区本町12-218 T-room
电话：075-532-0906
网址：http://potitek.com

桥本裕（裕工坊）
邮编：350-0231
地址：埼玉县坂户市泉町3-11-7-103
网址：http://studioyutaka.com

花塚光弘（热木工坊）
邮编：399-8501
地址：长野县北安云郡松川村3363-1092
电话：0261-62-7688
网址：http://www.ne.jp/asahi/azuki/craft/
*6

平山和彦・真喜子（平山日用品店）
邮编：611-0041
地址：京都府宇治市槙岛町十八52-7
电话：0774-22-3144
网址：http://hirayama-ten.com

桧皮奉庸（桧皮椅子店）
邮编：651-1511
地址：神户市北区长尾町宅原353-7
电话：078-986-3880
网址：http://www.hiwaisuten.com

深见昌记（深见木艺）
邮编：453-0832
地址：名古屋市中村区乾出町3-26
电话：052-482-1200
网址：http://fukamimasaki.com

家具门店一览表

本书收录的凳子作品在以下门店或美术馆均有销售。
收录作品可能不会随时有货,请您提前与商家确认库存状态。
大多数商家拥有门户网站,您可以尝试在网上检索店铺名称。
"★"表示该商家出售的是哪位工匠的作品
以下为2018年1月至今的最新数据。

1. 旭川家具中心
邮编: 079-8412
地址: 北海道旭川市永山2条10丁目
联系电话: 0166-48-4135
网址: http://www.asahikawa-kagu.or.jp/center/
★菊地圣、宫地镇雄

2. 交趾木生活手工
邮编: 018-5501
地址: 青森县十和田市大字奥濑字十和田湖畔休屋486
联系电话: 0176-75-2290
网址: http://www.yuzuriha.jp
★和山忠吉

3. 木造别馆
邮编: 025-0304
地址: 岩手县花卷市汤本1-125-25-1
联系电话: 0198-27-4810
★和山忠吉

4. sonorite'
邮编: 301-0816
地址: 茨城县龙崎市大德町3836-2
联系电话: 0297-75-6710
网址: http://sonorite.exblog.jp
★杉村彻

5. 宙(SORA)
邮编: 152-0003
地址: 东京都目黑区碑文谷5-5-6
联系电话: 03-3791-4334
网址: http://tosora.jp
★杉村彻

6. 热木工坊
邮编: 399-8501
地址: 长野县北安云郡松川村3363-1092
联系电话: 0261-62-7668
网址: http://www.ne.jp/asahi/azuki/craft/
★花塚光弘

7. 季之云
邮编: 526-0021
地址: 滋贺县长滨市八幡东町211-1
联系电话: 0749-68-6072
网址: http://tokinokumo.com
★杉村彻

8. gallery-mamma mia
邮编: 520-3305
地址: 滋贺县甲贺市甲南町野川835
联系电话: 0748-86-1552
网址: http://mammamia-project.jp
★川端健夫

9. 平山日用品店
邮编: 611-0041
地址: 京都府宇治市槙岛町十八52-7
电话: 0774-22-3144
网址: http://hirayama-ten.com
★平山和彦・真喜子

10. 打盹工坊
邮编: 540-0029
地址: 大阪市中央区本町桥5-2
联系电话: 06-6946-0661
网址: http://www.utatane-furniture.com
★山极博史

11. J Qualia
邮编: 659-0067
地址: 兵库县芦屋市茶屋之町10-7 LaCasaVerde1层
联系电话: 0797-32-1010
网址: http://www.j-qualia.jp
★菊地圣、高桥三太郎、kiki桌子工坊

12. kiki桌子工坊
邮编: 771-0206
地址: 德岛县板野郡北岛町高房百堤外35-1
联系电话: 088-683-2010
网址: http://www.t-kiki.co.jp
★kiki桌子工坊

木材（阔叶树木材）店一览表（不包括家居店和东急百货等）

即便您是外行，或者您只需要购置少量木材都没关系，以下这些店铺（木材公司）均可满足您的需求。在以下店铺中，您可以购买到包括楢木、水曲柳木、核桃木在内的阔叶树木材。

如果您需要购置松木、赤松木、针枞木等针叶树木材或是合成板材等，您可以考虑到全国各地的家居店购置。

您家附近的木工作坊很可能也能买到较小尺寸的板材，或是提供处理边角料的业务。

以下为2018年1月至今最新数据。

武田木材·beaver house
邮编：519-2505　地址：三重县多气郡大台町江马158
联系电话：0598-76-0023

马场铭木
邮编：522-0201　地址：滋贺县彦根市高宫町2043-5
联系电话：0749-22-1331
网址：http://www.babameiboku.jp

丸万
邮编：612-8486　地址：京都市伏见区羽束师古川町306
联系电话：075-921-4536
网址：http://maruman-kyoto.com

三谷工房
邮编：564-0053　地址：大阪府吹田市江木町8-20
联系电话：06-6385-2908
网址：http://www.kobo-mitani.com

大宝木材　arbre木工教室
邮编：559-0026　地址：大阪市住之江区平林北2-4-18
联系电话：06-6685-3114
网址：http://www.e-arbre.com

中田木材工业
邮编：559-0025　地址：大阪市住之江区平林南1-4-2
联系电话：06-6685-5315
网址：http://www.i-nakata.co.jp

real·wood（ogo-wood）
邮编：599-8234　地址：大阪市堺市中区土塔町2225
联系电话：072-349-8662
网址：http://www.ogo-wood.co.jp

府中家具工业协同组合
邮编：726-0012　地址：广岛县府中市中须町1648
联系电话：0847-45-5029
网址：http://wood.shop-pro.jp

holzmarket
邮编：830-0211　地址：福冈县久留米市城岛町楢街津1113-7
联系电话：0942-62-3355
网址：http://holzmarkt.co.jp

木心庵
邮编：062-0905　地址：札幌市丰平区丰平5条6丁目1-10
联系电话：011-822-8211
网址：http://www.kishinan.co.jp

木藏木材店
邮编：080-0111　地址：北海道河东郡音更町木野大通东8-6
联系电话：0155-31-6247
网址：http://kikura.jp

铃木木材
邮编：043-1113　地址：北海道桧山郡厚泽部町新町127
联系电话：0139-64-3339
网址：http://suzuki-mokuzai.com

樵夫之店　小仓木材手工艺中心
邮编：967-0312　地址：福岛县南会津郡南会津町熨斗户544-1
联系电话：0241-78-5039
网址：http://www.lc-ogura.co.jp

关口木材店
邮编：370-2601　地址：群马县甘乐郡下仁田町下仁田476-1
联系电话：0274-82-2310
网址：http://www.wood-shop.co.jp

木木
邮编：136-0082　地址：东京都江东区新木场1-4-7
联系电话：03-3522-0069
网址：http://www.mokumoku.co.jp

木之杂货 Tree Nuts
邮编：130-0021　地址：东京都墨田区绿1-9-6
联系电话：03-5638-2705
网址：http://tree-nuts.com

何月屋铭木店
邮编：195-0064　地址：东京都町田市小野路町1144
联系电话：0427-34-6155
网址：http://www.nangatuya.co.jp

新间木材店
邮编：427-0041　地址：静冈县岛田市中河町250-3
联系电话：0547-37-3285
网址：http://www.woodshop-shinma.com

冈崎制材　生活方式馆
邮编：444-0842　地址：爱知县冈崎市户崎元町4-1
联系电话：0564-51-7700
网址：http://hows-okazaki.com

专业术语介绍

在这个部分，笔者将介绍木工相关的专业术语。术语按照日语五十音图中的假名顺序排序。

R形：圆弧和曲线的形状。多以"打造为R形"的形式出现。

笠木（椅背横木）：椅背上部的横木。原本指代鸟居或大门等物上部的横梁。汉斯·瓦格纳的代表作品"the chair"中，横木从椅背一直延伸到扶手处，呈现出流线型优美的特点。该款横木使用了3种部件，采取"finger joint"（指接）的方式拼接而成。

木取（加工木材）：将原木或木材切割为需要或规定的尺寸与形状。

合板：将多张单板（从原木切割而成的薄板）重叠黏结为一张复合板。一般情况下，合板由奇数张单板沿垂直木纹方向相交放置后黏结而成。大多合板的内外侧单板材质不同（比如外侧板使用椴木，内侧板使用柳安木）。内外侧板使用相同木材种类的合板叫作"共芯合板"。第121页的"春日小凳"就是使用椴木的共芯合板制成。

木口（截面）：沿垂直圆棒等木材中轴线方向截断木材后形成的横截面（垂直木材纤维方向的切面）。

逆目（逆木纹方向）：用刨子等工具逆木纹打磨木材时有卡顿感的木纹方向。

夏克式家具：由夏克教徒首创，是一种造型简素但颇具功能性的家具品种。多数夏克式家具的制造者受到日本木工工匠的感染，本着追求"使用之美"的设计理念，在制作时不加多余的装饰，作品中饱含着浓浓的真挚情感。夏克教是基督教的一个分支，最早在18世纪后半叶于美国东海岸开展活动，于19世纪中叶迎来了最为繁盛的时期。在夏克教共同体中，教徒们曾自给自足，将生活经营得品质十足，如今夏克教已经不复存在了。

画线：加工木材时，用墨或铅笔等在木材上画上切割线。

榻榻米保护底座：在椅子或桌子脚下安装的横木，以防凳脚损坏榻榻米。

接合：将两个部件拼接为一体的操作总称。比如第38页制作小凳子是将凳腿与衬板接合，第134页制作木马框架时用到了所谓的"缺口钉合法"。

妻手（短边）：长方形板材或结构的较短一边。较长的一边被称为"长手"。

锥形结构（taper）：越往顶端越尖细的结构。木工从业者一般会在说"把凳腿制成锥形结构"时用到这个词。

贯木（横木）：用于横向接合和加固的部件。在椅子和桌子中指连接椅脚或桌脚的横木。

端材（边角料）：在加工木材或进行木工作业时切掉的木材，尺寸形状都处于半成品状态。

拭漆处理：也称作"抹漆处理"。基本操作是在木材上用刷子或布涂漆，将多余的漆拭去后晾干。拭漆处理就是重复上述基本操作的处理方法。

榫头：为拼接部件，在部件上手工打造的凸起部分。凹陷部分称作卯眼。

幕板（衬板）：将桌子面板或椅座与桌腿或椅脚上部连接加固的部件。

倒角：是指用刨子、锉刀、砂纸等工具将部件的边角或接合面切削打磨光滑的过程。认真完成倒角工序后，作品整体会格外美观。

旋工工具：利用回旋技术进行加工作业的机械总称。狭义上来说，旋工是指在轴的一端固定木材，一边转动轴，一边用刀具切削加工的过程。旋工工具一般指用于加工木碗等木器的机械设备。

工具介绍

在这个部分，笔者将主要对"自己动手试试看"环节中使用的工具以及一些其他木工工具进行介绍。工具按照日语五十音图中的假名顺序排序。

线锯切割机：手工工具线锯的电动版。适用于细曲线切割或开窗口等作业。锯线容易断裂，请小心使用。

压板：固定板材时使用的夹具。在切割木材时，为防止木材移动，需要用压板固定。在压紧接合面时，压板也是必不可少的工具。压板的型号分不同尺寸和形状，有C压板、F压板等。在家具店花几百日元就能买到，甚至还有的在日本百元店也能买到。

刨工台（shaving horse）：切削木材时使用的工具。工作人员坐在刨工台上，用脚踩住踏板，利用杠杆原理就可以将木材紧紧固定，再用铣刀等刀具进行切削作业。在英国，刨工台拥有着悠久的使用传统。在绿林木工领域中，刨工台也是必不可少的工具。

划线规：刃尖细薄，用来在木材上画平行线的工具。

锤子（铁锤）：钉锤的一种，在锤击凿子或钉钉子时使用。锤头为铁制，锤头两端及锤身侧面均可以用于锤击。

小刀：英语为"knife"。一般情况下，小刀多指刀刃较宽且角度倾斜的"切割小刀"，适用于切削材料的边角和曲线。因为使用频率较高，因此在操作时要倍加小心，千万别把手放置在刀刃切削（行进）的方向。在家具用品店就可以买到名为"手工刀"或"雕刻刀"的小刀。

砂纸：纸质锉刀。在纸或布料上黏上细密的砂石粉末等物质制成。砂纸的粗度用"支"这一数字单位表示。数字前带有"#"标志。数字越小表示砂纸越粗，数字越大表示砂纸越细。比如400号砂纸多用于木材的最终打磨处理。

方形水平角尺：金属材质的直角尺。用于检测木材的垂直度或平面的凹凸程度。

铣刀：两侧带有把手的刀具。在进行木工作业时使用。制作杯具或桶时，铣刀可以代替刨子使用。利用刨工台切削木材时，也多借助铣刀进行作业。

留尺（45度角尺）：在日本木工术语中，"留"是指将两个45度角拼接为直角的拼接方式。45度角尺是用于测定木材特定角度（45度角）的带边缘尺规。

切边机（trimmer）：一种电动工具，旋转工具顶端的刀刃以切割木材部件。利用电动工具，可以快速完成本需利用凿子或刨子进行的手工作业。

钻台：固定电钻使之沿直角方向移动，用于钻孔的工具。如果想在材料上钻直角方形孔，钻台可以帮上大忙。

南京刨（鸟刨）：双手操作的小刨子，属于反台刨具的一种。刨台带有圆弧形状，多用于木材侧面的曲线切割作业。

锯：1.双刃锯：两侧均带有锯刃。一侧锯刃用于沿木纹方向（木材纤维走向）纵向切割，另一侧锯刃用于沿垂直木纹方向横向切割。

    2.齿锯：锯刃较薄，带有锯齿的单刃小锯，用于沿垂直木纹方向横向切割，适用于精细作业。

凿子：用于戳击、敲击、切削木材或钻孔作业。根据尺寸和形状的不同，凿子分为多种型号。其中依据尺寸可以分为两种型号：利用锤子敲击凿子后部使用的厚凿和手持切削使用的薄凿。

夹具：与压板作用相同，一种用于固定木材以便切割或压紧接合面的夹紧工具。

自己动手试试看之一（P39）：

"精美松木软垫凳"制作图（单位：毫米）

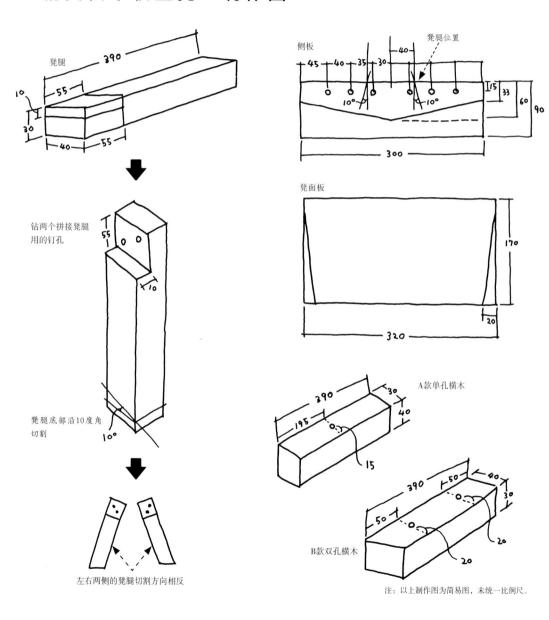

左右两侧的凳腿切割方向相反

注：以上制作图为简易图，未统一比例尺。

自己动手试试看之二（P69）：
"榫头拼接小课椅" 设计图

制作图（单位：毫米）
注：简易图未统一比例尺。

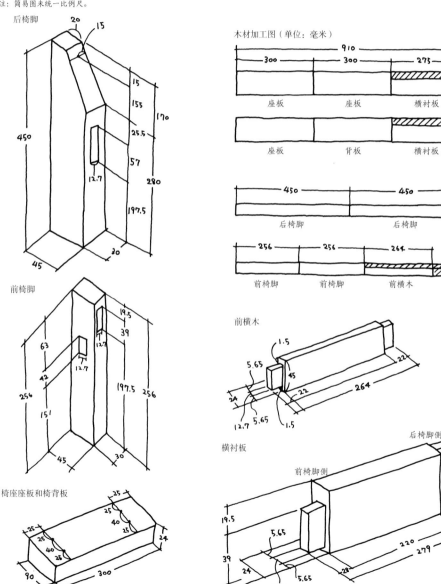

后椅脚

木材加工图（单位：毫米）

前椅脚

前横木

椅座座板和椅背板

横衬板

前椅脚侧

后椅脚侧

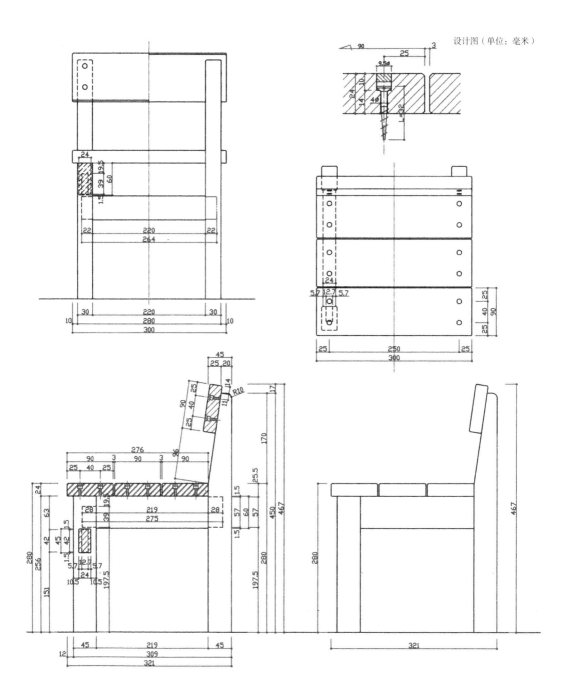

164

设计图（单位：毫米）

自己动手试试看之三（P75）：

"为三岁儿子制作的小椅子"的制作图、
木材加工图与设计图（单位：毫米）

刨台画线示意图

*刨台与侧板都需要画线（侧板上两个45度角中间的4毫米部分无须使用）

*尺寸大体符合标准即可

椅脚上部画线示意图

要插入楔子的沟，用锯子先行锯出切口。

用4毫米直径的电钻钻头打孔贯穿。

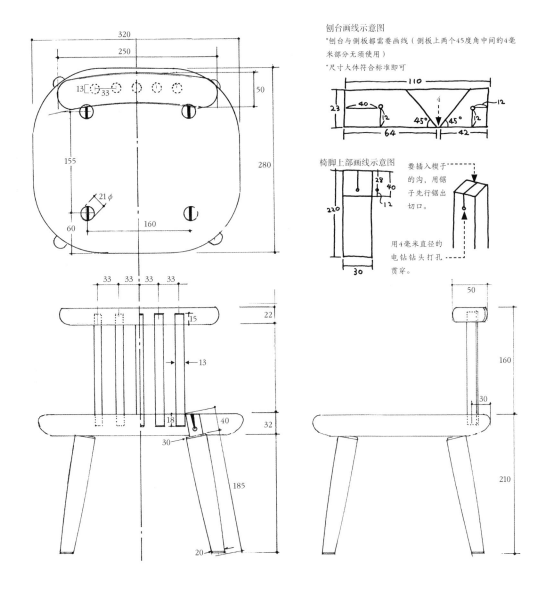

自己动手试试看之四（P106）：

"散步小凳子" 8字结的打结方法

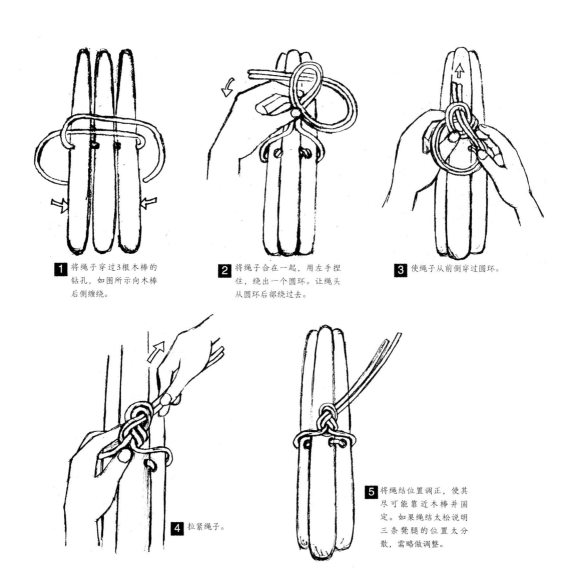

1 将绳子穿过3根木棒的钻孔，如图所示向木棒后侧缠绕。

2 将绳子合在一起，用左手捏住，绕出一个圆环。让绳头从圆环后部绕过去。

3 使绳子从前侧穿过圆环。

4 拉紧绳子。

5 将绳结位置调正，使其尽可能靠近木棒并固定。如果绳结太松说明三条凳腿的位置太分散，需略做调整。

自己动手试试看之五（P135—P137）：
"木马摇椅" 设计图（单位：毫米）

*图片与实物比例为1：5

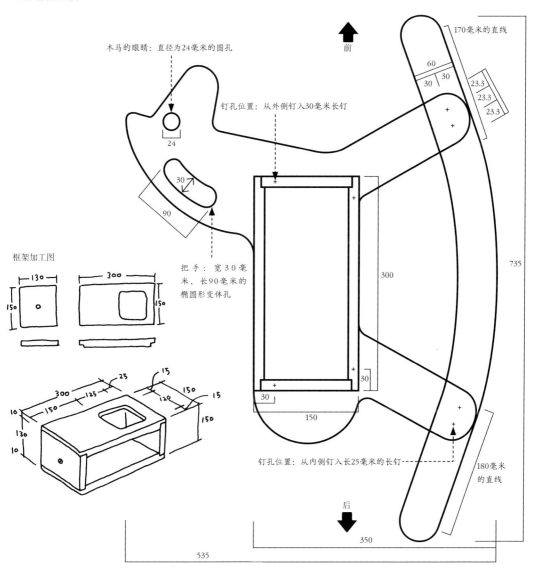

木马的眼睛：直径为24毫米的圆孔

钉孔位置：从外侧钉入30毫米长钉

前

170毫米的直线

把手：宽30毫米，长90毫米的椭圆形变体孔

框架加工图

钉孔位置：从内侧钉入长25毫米的长钉

180毫米的直线

后

后记

"凳子是什么？"

当我告诉一位相识的大叔我要出一本关于凳子的书时，他冷不防问了我这么一句，让我措手不及。我跟他解释："凳子在日常生活中可常见了，就是那种有着圆形的座面，底下有几条腿，可以放在家里使用的坐具。""噢！原来是让人坐下休息的东西啊！"他这才恍然大悟。在日本，大家对凳子这个词的普遍认知度可能还比较低。但是在我看来，大多数人看到凳子实物的时候就会发现，凳子在日常生活中的出镜率还是很高的，大家也都在使用。

说起凳子的历史起源，根据考证，凳子是从古埃及时代开始为人所用的，而且当时的很多设计和结构（比如 X 形凳腿）一直沿用至今。就算是在椅子文化并不发达的古代日本，战场或狩猎场上也经常用到床几（马扎），也就是折叠式的皮（或布）面的凳子。

那么，凳子的魅力究竟何在呢？我能想到的有很多点。比如凳子的使用不受场地限制，体态轻盈，便于携带移动。再一点是凳子便于收纳，比如折叠凳或可以叠放的凳子。但在我看来最根本的一点在于，凳子作为一种工具，可以刚好满足人们小坐的需求。为著成此书，我采访了30多位木工工匠。从制作者的视角看来，凳子也是一种魅力十足的物品。虽然它们并不是什么大型结构体，但其中却蕴含着每一位木工工匠丰富的构思灵感，极具独创性。有的凳子拥有着颠覆传统观念的凳面形状；有的凳子运用了特定人物构想出的设计理念，将木材与其他材质相结合；还有的凳子可以前后摇晃，如同摇椅……

关于"凳子（stool）"这一词汇，我也进行了一番考证。

如今在日本，不带椅背或扶手，只有椅座和椅脚的椅子就叫作"凳子"。在英语词典中查询"stool"一词，第一个义项就是"a type of chair without back and arm rests"（一种不带椅背和扶手的椅子）。然而在西方国家，也有将带有靠背的坐具称作凳子的先例。在17世纪末期的英国，带有靠背和扶手的椅子被称作"chair"（椅子），只带有靠背而没有扶手的坐具则为便于区分，被命名为"靠背凳"（back stool）。

此外，stool这一单词还有厕所、便器、马桶座、排泄物（俗语）等义项。也许"凳子（stool）"作为坐具的一种广为流传，正是源于它"马桶座"的这一义项。过去，西方的王侯贵族就坐在开孔的台子上解手，解手时正好可以把腰身倚靠在台子上……

我认为凳子不适宜久坐，应该把它看作一种适合用于稍事休息，或是完成一些简单作业时用来小坐的工具，因此未必一定要通过靠背来界定凳子的范畴。这样看来，将"stool"这一单词用日语翻译过来，还是"凳子"这一词汇最为贴切。

最后，借此机会，我想向百忙之中协助我完成采访工作的木工工匠们再次表达深深的感激之情。同时，也请允许我向设计师望月昭秀、户田宽，在摄影过程中提供了大力帮助的摄影师以及为笔者提供了各种重要信息的多方人士表示衷心的感谢。

西川荣明

2010年8月

图书在版编目（CIP）数据

日和手制　椅子 /（日）西川荣明著；陈益彤，张
家悦译. —杭州：浙江人民出版社，2018.6
ISBN 978-7-213-08734-9

Ⅰ. ①日… Ⅱ. ①西… ②陈… ③张… Ⅲ. ①椅—木
家具—制作 Ⅳ. ①TS665.4

中国版本图书馆CIP数据核字（2018）第081854号

TEDUKURI SURU KI NO STOOL by Takaaki Nishikawa

Copyright © Takaaki Nishikawa 2010

All rights reserved.

Original Japanese edition published by Seibundo Shinkosha Publishing Co., Ltd.

This Simplified Chinese language edition published by arrangement with

Seibundo Shinkosha Publishing Co., Ltd., Tokyo in care of Tuttle−Mori Agency, Inc.,

Tokyo through Bardon−Chinese Media Agency, Taipei

日和手制　椅子
RIHE SHOUZHI YIZI

［日］西川荣明　著　陈益彤　张家悦　译

出版发行	浙江人民出版社（杭州市体育场路347号 邮编310006）
责任编辑	张世琼
责任校对	俞建英
封面设计	棱角视觉
内文制作	佳睿天成
印　　刷	北京盛通印刷股份有限公司
开　　本	710毫米×880毫米　1/16
印　　张	11.25
字　　数	120千字
版　　次	2018年6月第1版
印　　次	2018年6月第1次印刷
书　　号	ISBN 978-7-213-08734-9
定　　价	42.00元

如发现图书质量问题，可联系调换，质量投诉电话：010-82069336